高等院校艺术设计系列规划教材

3ds Max 艺术设计

金光　　主　编

吕林雪 陈晓群　　副主编

清华大学出版社
北京

内 容 简 介

3ds Max 功能强大,是应用领域广泛的三维设计软件。本书共 5 章,结合 3ds Max 2011 版系统介绍入门基础、基础建模、材质灯光摄像机及环境、动画制作、粒子系统及空间扭曲等知识,注重以案例设计为主导,突出三维设计流程、关键环节和操作步骤的讲解,通过强化训练提高应用技能与能力。

本书结构合理,流程清晰,图文并茂,内容通俗易懂,突出实用性,并采用新颖统一的格式化体例设计,既适用于本科及高职高专院校艺术设计专业的教学,也可以作为文化创意企业和艺术设计公司从业者的职业教育与岗位培训教材。

图书在版编目(CIP)数据

3ds Max 艺术设计/金光主编. —北京:清华大学出版社,2013
高等院校广告和艺术设计专业系列规划教材
ISBN 978-7-302-32358-7

Ⅰ. ①3… Ⅱ. ①金… Ⅲ. ①三维动画软件—高等学校—教材 Ⅳ. ①TP391.41

中国版本图书馆 CIP 数据核字(2013)第 094219 号

责任编辑:张　弛
封面设计:李子慕
责任校对:李　梅
责任印制:沈　露

出版发行:清华大学出版社
　　　　　网　　　址:http://www.tup.com.cn,http://www.wqbook.com
　　　　　地　　　址:北京清华大学学研大厦 A 座　　　　邮　　编:100084
　　　　　社 总 机:010-62770175　　　　　　　　　　　邮　　购:010-62786544
　　　　　投稿与读者服务:010-62776969,c-service@tup.tsinghua.edu.cn
　　　　　质 量 反 馈:010-62772015,zhiliang@tup.tsinghua.edu.cn
　　　　　课 件 下 载:http://www.tup.com.cn,010-62795764
印 装 者:北京嘉实印刷有限公司
经　　销:全国新华书店
开　　本:185mm×260mm　　　印　　张:15.25　　　字　　数:383 千字
版　　次:2013 年 9 月第 1 版　　　　　　　　　　　印　　次:2013 年 9 月第 1 次印刷
印　　数:1~2700
定　　价:49.00 元

产品编号:053444-01

编审委员会

　　随着我国改革开放进程的加快和市场经济的快速发展，广告和艺术设计产业也在迅速发展。广告和艺术设计作为文化创意产业的核心和关键支撑，在国际商务交往、丰富社会生活、塑造品牌、展示形象、引导消费、传播文明、拉动内需、解决就业、推动民族品牌创建、促进经济发展、构建和谐社会、弘扬古老中华文化等方面发挥着越来越大的作用，已经成为我国服务经济发展重要的"绿色朝阳"产业，在我国经济发展中占有极其重要的位置。

　　1979年中国广告业从零开始，经历了起步、快速发展、高速增长等阶段，2011年我国广告营业额突破3000亿元，已跻身世界前列。商品销售离不开广告，企业形象也需要广告宣传，市场经济发展与广告业密不可分；广告不仅是国民经济发展的"晴雨表"、社会精神文明建设的"风向标"，也是构建社会主义和谐社会的"助推器"。由于历史原因，我国广告艺术设计业起步晚，但是发展飞快，目前广告行业中受过正规专业教育的从业人员严重缺乏，因此使得中国广告和艺术设计作品难以在世界上拔得头筹。广告设计专业人才缺乏，已经成为制约中国广告设计事业发展的主要瓶颈。

　　当前，随着世界经济的高度融合和中国经济国际化的发展趋势，我国广告设计业正面临着全球广告市场的激烈竞争，随着世界经济发达国家广告设计观念、产品营销、运营方式、管理手段及新媒体和网络广告的出现等巨大变化，我国广告和艺术设计从业者亟需更新观念、提高专业技术应用能力与服务水平、提升业务质量与道德素质，广告和艺术设计行业和企业也在呼唤"有知识、懂管理、会操作、能执行"的专业实用型人才；加强广告设计业经营管理模式的创新、加速广告和艺术设计专业技能型人才培养已成为当前亟待解决的问题。

　　为此，党和国家高度重视文化创意产业的发展，党的十七届六中全会明确提出："文化强国"的长远战略、发展壮大包括广告业在内的传统文化产业，迎来文化创意产业大发展的最佳时期；政府加大投入、鼓励新兴业态、发展创意文化、打造精品文化品牌、消除壁垒、完善市场准入制度，积极扶持文化产业进军国际市场。结合中国共产党第十八次全国代表大会提出的"扎实推进社会主义文化强国建设"的号召，国家"十二五"规划纲要明确提出促进广告业健康发展。 中央经济工作会议提出稳中求进的总体思路，强调扩大内需，发展实体经济，对做好广告工作提出新的更高要求。

针对我国高等教育广告和艺术设计专业知识老化、教材陈旧、重理论轻实践、缺乏实际操作技能训练等问题，为适应社会就业急需、满足日益增长的文化创意市场需求，我们组织多年从事广告和艺术设计教学与创作实践活动的国内知名专家教授及广告设计企业精英共同精心编撰了本套教材，旨在迅速提高大学生和广告设计从业者的专业技能素质，更好地服务于我国已经形成规模化发展的文化创意事业。

本套系列教材作为高等教育广告和艺术设计专业的特色教材，坚持以科学发展观为统领，力求严谨，注重与时俱进；在吸收国内外广告和艺术设计界权威专家学者最新科研成果的基础上，融入了广告设计运营与管理的最新实践教学理念；依照广告设计的基本过程和规律，根据广告业发展的新形势和新特点，全面贯彻国家新近颁布实施的广告法律、法规和行业管理规定；按照广告和艺术设计企业对用人的需求模式，结合解决学生就业、加强职业教育的实际要求；注重校企结合、贴近行业企业业务实际，强化理论与实践的紧密结合；注重管理方法、运作能力、实践技能与岗位应用的培养训练，并注重教学内容和教材结构的创新。

本套系列教材包括《中国工艺美术史》、《色彩》、《中外美术鉴赏》、《素描》、《广告概论》、《广告设计》、《广告摄影》、《广告法律法规》、《会展广告》、《字体设计》、《版式设计》、《包装设计》、《标志设计》、《招贴设计》、《会展设计》、《书籍装帧设计》等书。 本系列教材的出版，对帮助学生尽快熟悉广告设计操作规程与业务管理、对帮助学生毕业后能够顺利走上社会就业具有特殊意义。

教材编委会

2013 年 4 月

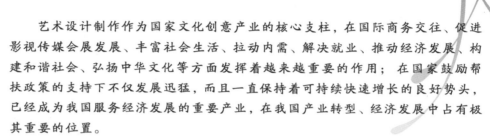

前言

艺术设计制作作为国家文化创意产业的核心支柱，在国际商务交往、促进影视传媒会展发展、丰富社会生活、拉动内需、解决就业、推动经济发展、构建和谐社会、弘扬中华文化等方面发挥着越来越重要的作用；在国家鼓励帮扶政策的支持下不仅发展迅猛，而且一直保持着可持续快速增长的良好势头，已经成为我国服务经济发展的重要产业，在我国产业转型、经济发展中占有极其重要的位置。

未来就业市场对艺术设计专业人才的需求量越来越大，艺术设计人才有着非常广阔的就业前景。面对国内外文化创意产业设计人才激烈的市场竞争，加强艺术设计人才培养的教材改革，已成为当前亟待解决的问题。为了缓解市场需求、培养社会急需的艺术设计专业技能型应用人才，我们组织多年在一线从事艺术设计教学与三维动画创作实践活动的专家教授，共同精心编撰了本书，旨在迅速提高学生及相关艺术设计、三维动画设计从业者的专业技术素质，更好地服务于我国文化创意事业。

本书共5章，以学习者应用能力培养为主线，以艺术设计制作为导向，以计算机软件操作为载体，根据3ds Max 2011操作使用的基本原则、过程与规律，系统介绍入门基础、基础建模、材质灯光摄像机及环境动画制作、粒子系统及空间扭曲等知识；注重以案例设计为主导，突出三维设计流程、关键环节和操作步骤讲解，通过强化训练提高应用技能与能力。

本书作为艺术设计专业的专业技术课特色教材，针对艺术设计课程的教学要求和职业应用能力培养目标，既注重系统理论知识讲解，又突出实际操作技能与从业能力训练，力求做到课上讲练结合，重在流程和方法的掌握；课下会用，能够具体应用于艺术设计实际工作之中，从而有助于学生尽快掌握三维设计应用技能、熟悉业务操作规程，对于学生毕业后顺利就业具有特殊意义。

本书融入了3ds Max软件动漫设计综合运用最新的实践教学理念，力求严谨，注重与时俱进，具有结构合理、流程清晰、叙述简洁、案例经典、图文并茂、通俗易懂、强化规范设计、注重操作性、突出实用性等特点，且采用新颖统一的格式化体例设计；因此本书既适用于本科院校及高职高专院校艺术设计专业的教学，也可以作为文化创意产业艺术设计公司从业者的职业教育与岗位培训教材，对于广大艺术设计、三维动画自学者也是一本有益的指导手册。

本书由李大军进行总体方案策划并具体组织，金光（北京联合大学）主编并统改稿，吕林雪、陈晓群为副主编；由具有丰富教学和实践经验的鲁彦娟教授审定。作者分工为牟惟仲编写序言，吕林雪编写第一章，李妍编写第二章，金光编写第三章和第五章，王洪瑞编写第四章，陈晓群、温丽华、赵妍整理附录；华燕萍负责文字修改和版式调整，李晓新制作教学课件。

在本书编写过程中，我们参阅借鉴了大量国内外 3ds Max 最新书刊和相关网站的资料，精选收录了具有典型意义的案例，并得到有关专家教授的具体指导，在此特别致以衷心的感谢。为配合本书的使用，我们特提供配套电子课件，读者可以从清华大学出版社网站（www.tup.com.cn）免费下载。由于 3ds Max 发展较快且作者水平有限，书中难免存在疏漏和不足之处，恳请同行和读者批评指正。

编　者

2013 年 6 月

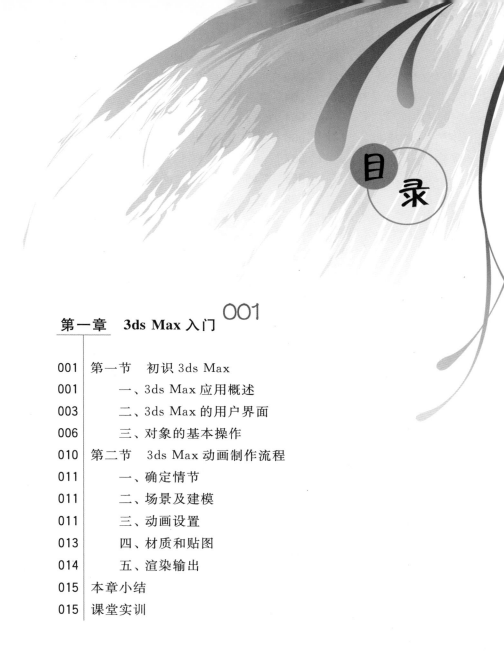

目 录

091

第三章　材质、灯光、摄像机及环境

第 一 章

3ds Max入门

本章导读

　　3ds Max 由 Autodesk 公司推出，是一个基于 Windows 操作平台的优秀三维制作软件。因其涉及范围广、功能强大、易于操作等特点，深受广大用户喜爱。3ds Max 也是当今世界上应用领域最广、使用人数最多的三维动画制作软件，使用 3ds Max 可以完成高效建模、材质及灯光的设置，还可以轻松地将对象制作成动画。

技能要求

1. 了解 3ds Max 的应用；
2. 熟悉 3ds Max 的界面布局与操作方法；
3. 熟练掌握 3ds Max 中对象的基本操作；
4. 掌握 3ds Max 动画制作一般流程。

第一节　初识 3ds Max

一、3ds Max 应用概述

　　3ds Max 是一套在全世界范围应用广泛的建模、动画及渲染软件。随着版本的提高和功能的完善，为使用者提供了更广阔的创作空间，被广泛地应用于电视及娱乐业中，比如片头动画和视频游戏的制作。深深扎根于玩家心中的劳拉角色形象就是 3ds Max 的杰作。3ds Max 在影视特效方面也有一定的应用。3ds Max 在我国主要用于建筑效果图和动画制作中。

（一）电影、电视领域

　　3ds Max 在电影、电视领域主要用于制作电影电视片头、电脑特技等。在这些艺术作品中,艺术家的想象力通过计算机动画发挥得淋漓尽致,可产生许多电影、电视实拍达不到的艺术效果,使作品的艺术性得到完美发挥,如图1-1所示为电影场景。

(二)游戏领域

在游戏领域 3ds Max 更是发挥了它强大的建模和动画功能,细腻的画面、宏伟的场景和逼真的造型,大大增加了游戏的真实感及观赏性,使 3D 电脑游戏越来越丰富,游戏玩家越来越多,这正是三维计算机动画所起的重要作用,如图1-2所示为游戏场景画面。

图 1-1　电影场景　　　　　　　　　　图 1-2　游戏场景

(三)建筑领域

3ds Max 的一个重要应用就是制作建筑设计效果图。建筑设计效果图广泛用于工程招标及施工的指导及宣传。在建筑效果图中体现了制作人员的布局思路与设计方案。建筑效果图分为建筑内部和建筑外部效果图,如图1-3所示为 3ds Max 制作的室内效果图。

(四)工业设计

3ds Max 在工业设计中主要用来进行建模。通过 3ds Max 强大的建模功能,设计师可以方便地将图纸直接转换成 3D 模型,设计创建出有特色的设计作品,如图1-4所示为 3ds Max 制作工业模型效果图。

图 1-3　室内效果图　　　　　　　　　图 1-4　工业模型效果图

(五)科研领域

在 3ds Max 中可以利用动画模拟真实系统的运动学、动力学、控制学等行为进行科学实验,既可达到检测系统质量可靠性的目的,又可调节系统模型的参数,使系统处于最佳的运行状态。避免造成资金的浪费以及人身和设备的安全,如图1-5所示为动力学模拟实验。

(六)教学领域

3ds Max 用于辅助教学,可以提高学生的感性认识,帮助学生理解和掌握所学内容。

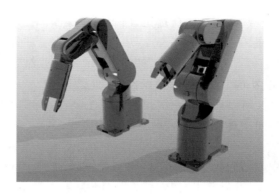

图 1-5　动力学模拟实验

二、3ds Max 的用户界面

启动 3ds Max 2011，进入用户界面，如图 1-6 所示。

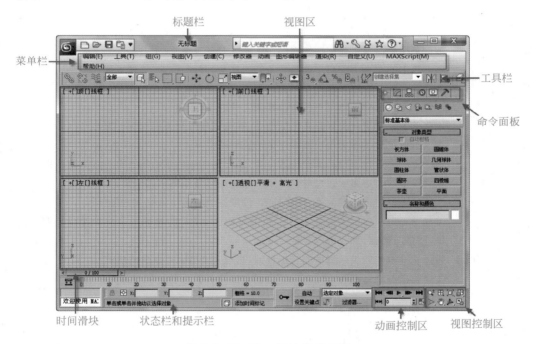

图 1-6　3ds Max 2011 用户界面

（一）标题栏

3ds Max 2011 的标题栏包括应用程序按钮、快速访问工具栏、信息中心和窗口控件 4 部分元素。

1. 应用程序按钮

"应用程序"按钮 是 3ds Max 2011 版开始拥有的一个全新元素。用户单击该按钮可以打开菜单浏览器，菜单浏览器中包含了"新建"、"重置"、"打开"、"保存"、"另存为"、"导入"、"导出"、"首选项"、"管理"、"属性"共 10 个一级选项，单击某些选项后的黑色三角箭头，还可以打开该选项的级联菜单，在菜单中提供子选项。

2．快速访问工具栏

快速访问工具栏包含一些常用的快捷按钮，便于用户操作。在默认状态下，快速访问工具栏中包括如下 5 个快捷按钮。

"新建场景"按钮 🗋　　　　　"打开文件"按钮 🗁　　　　　"保存场景"按钮 🖫

"撤销场景操作"按钮 ↶　　　　"重做场景操作"按钮 ↷

单击最后的下三角箭头可以展开自定义快速访问工具栏，用户可以通过选中或取消选中的操作显示或隐藏快速访问工具栏中的快捷按钮。

3．信息中心

用户可以通过信息中心访问有关 3ds Max 和其他 Autodesk 产品的信息。在"搜索字段"文本框中输入要搜索的文本，然后单击"搜索结果"按钮 🔍 或者按 Enter 键即可打开"搜索"窗格显示搜索结果。

（二）菜单栏

用户通过菜单栏可以方便快速地选择相关命令，各项菜单的功能简介，如表 1-1 所示。

表 1-1　菜单功能简介

菜单名称	功　能　简　介
编辑	该菜单中的命令主要用于选择、复制、删除对象等操作
工具	该菜单中的命令主要用于调整对象间的移动、对齐、镜像、阵列等操作
组	该菜单中的命令用于对操作对象进行组合和分解
视图	该菜单中的命令主要用于执行与视图有关的操作
创建	该菜单中包含了有关创建对象的命令，并与创建面板上的选项相对应
修改器	该菜单中包含了有关用于修改对象的编辑器
动画	这个菜单中包含了与动画相关的命令，用于对动画的运动状态进行设置和约束
图形编辑器	该菜单中的命令用于通过对象运动功能曲线对对象的运动进行控制
渲染	该菜单主要用于设置渲染、环境特效、渲染特效等与渲染有关的操作
自定义	该菜单为用户提供了多种自定义操作界面的功能，并能够对系统的工作路径、度量单位、网格与捕捉、视窗等内容进行设置
MAX Script	通过该菜单可以应用脚本语言进行编程，以实现 MAX 操作的功能
帮助	该菜单用于打开提供 3ds Max 使用的帮助文件及软件注册等相关信息

（三）工具栏

菜单命令虽然很多，但在实际操作中，用户最常使用的还是工具栏。在 3ds Max 2011 中，工具栏位于菜单栏的下方，其中放置了常用的功能命令按钮。命令按钮直观形象，通过按钮图标，用户可以快速判断出按钮的用途，用户只需单击按钮，即可进行相关的操作。

（四）命令面板

3ds Max 中的命令面板位于操作界面的右侧，其中提供了"创建"、"修改"、"层次"、"运动"、"显示"和"工具"6 个选项命令面板，单击不同的命令选项按钮，即可实现各选项命令面板之间的切换，如图 1-7 所示。

图 1-7　命令面板

（五）视图窗口

1. 视图窗口简介

视图窗口是 3ds Max 中的操作区域。3ds Max 2011 的默认视图窗口是 4 视图窗口结构，它们分别是顶视图、左视图、前视图和透视视图，如图 1-8 所示。

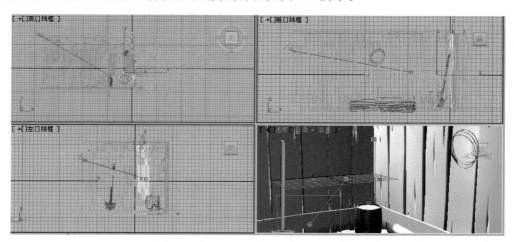

图 1-8　视图窗口

其中，顶视图、左视图、前视图是指场景在该方向上的平行投影效果，所以称为正视图，而透视图则能够表现人视觉上观察对象的透视效果。在使用 3ds Max 2011 时一定要对视图进行充分认识，了解 4 个视图窗口的关系，在进行对象的创建时一定结合 4 个视图来创建。

除了以上 4 个视图外，还有后视图、右视图、底视图、用户视图、摄像机视图等其他视图。我们可以通过快捷键随时快速切换不同视图，来满足建模需要。快捷键及对应的视图如下。

顶视图：T　　　　底视图：B　　　　左视图：L　　　　前视图：F

透视视图：P　　　摄像机视图：C　　用户视图：U

小技巧　　快捷键：选中某一个视图窗口后，按下 Alt＋W 组合键可以将其切换为最大化窗口模式显示，再按下 Alt＋W 组合键则返回 4 视图显示模式。

在每个视口的左上角都有一个由三个标签组成的标签栏。每个标签是一个快捷菜单，用于控制视口显示，如图 1-9 所示。

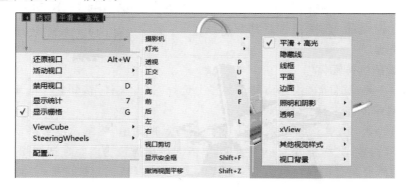

图 1-9　视口显示菜单

2. 调整视图布局

启动 3ds Max 软件,在默认状态下 4 个视图的大小均相同。如果视图的排列和布局不能满足用户的操作需要,我们可以根据需要自定义视图的布局和视图个数。

(1) 用鼠标调整视图布局

将鼠标指针移到两个视图间的分隔条或所有 4 个视图的相交处,然后拖动到新位置,释放鼠标后则定义了新的视口布局。

要将视口窗口重置为默认布局,右击视口之间的分隔条,显示"重置布局"按钮,单击此按钮将视口还原为默认的多视口布局。

(2) 使用视图配置菜单命令调整视图布局

单击或右击视口左上角的"常规"标签"[+]",打开"常规视口标签"菜单。选择"配置",打开"视口配置"对话框,选择"布局"面板,选择一种布局效果,单击"确定",完成布局调整。

三、对象的基本操作

(一) 对象

3ds Max 中的操作都是针对对象进行的。对象指的是用户创建的每一个事物,如几何体、摄像机、光源、修改器、位图、材质贴图等都是对象。3ds Max 的大多数对象都是通过参数设置来定义的,每一类型的对象具有不同的参数,例如,创建一个球体对象,3ds Max 用半径和线段数来定义。用户可以在任何时候改变参数,从而改变该球体的显示形式。用户也可以使参数连续变化来制作动画。

(二) 次对象

3ds Max 中的很多修改都是针对对象的次对象进行的。次对象是指被选择和操作的组成对象的任何组成元素,例如,"线"对象是由"顶点"、"线段"、"样条线"组成,那么"顶点"、"线段"、"样条线"就是对象"线"的次对象。可以通过"修改"面板上来选择次对象,如图 1-10所示。

在 3ds Max 2011 中,最常见的操作就是给物体施加"编辑网格"修改器,可以通过"修改"面板上的"选择"卷展栏下的按钮来选择次对象。

(三) 对象的选择

3ds Max 中的大多数操作都是对场景中的选定对象执行的。必须在视图中选择对象,然后才能应用命令。因此,选择操作是建模和设置动画过程的基础。

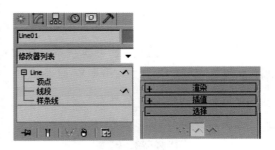

图 1-10 "线段"次对象

1. 用鼠标直接选择物体

① 启动 3ds Max 软件,在快速访问工具栏上选择"打开文件"按钮 ,打开本书案例文件夹中"第 1 章\对象的基本操作.max"文件。

② 单击主工具栏上的"选择对象"按钮 ,在任意视图中,将鼠标指针移动到要选择的物体上,例如"茶壶"对象,待指针变为小十字叉,单击即可选择该物体。在透视图中(高光平滑模式),被选择的物体周围会出现白色边框;在其他视图(线框模式),被选中对象会变成白色,被选择的物体上会出现坐标。

③ 按住 Ctrl 键的同时单击对象,可以选择或取消选择对象。例如,如果已选定"茶壶"对象,然后按 Ctrl 键并单击以选择"球体"和"长方体"对象,则"球体"和"长方体"对象将被添加到选择中。如果此时按 Ctrl 键并单击三个选定对象中的任一个,则会取消选择该对象。

此外还可以在单击时按住 Alt 键,从所做选择中移除对象。

本书所有案例及习题可从清华大学出版社网站(http://www.tup.com.cn)免费下载使用。

④ 在视图空白处单击,则取消全部对象的选择。

2. 从场景选择物体

① 打开本书案例文件夹中"第 1 章\对象的基本操作.max"文件。

② 在主工具栏上,单击"从场景选择"按钮 ![], 或者单击键盘上的"H"键,弹出"从场景选择"对话框,如图 1-11 所示。

③ 在列表中,鼠标拖动或单击可以选择一个或多个对象。按住 Shift 键并单击以选择连续范围的对象,或按住 Ctrl 键并单击以选择非连续的对象。在列表上方的"查找"字段中,可以键入名称以选择该对象,也可以使用星号(*)和问号(?)作为通配符来选择多个名称。

④ 单击"确定",完成选择,关闭对话框。

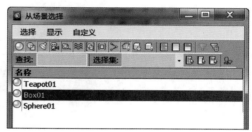

图 1-11 "从场景选择"对话框

当场景中有很多对象时,用"选择对象"工具选择对象难免误选,这时最好的办法是选择按名称选取对象。按名称选择对象的前提是知道要选择对象的名称。虽然 3ds Max 会为每一个创建的对象自动赋予一个默认的名称,但是将对象的默认名称改为方便用户记忆的名称是个好习惯,在完成大型项目时尤为必要。

常用快捷键:全选 Ctrl + A、全部不选 Ctrl + D、反选 Ctrl + I。

(四)对象的移动

利用"选择并移动"工具 ![] 可以将对象沿任何一个方向移动,还可以将对象移动到一个绝对坐标位置,或者移动到与当前位置有一定偏移距离的位置。

① 打开本书案例文件夹中"第 1 章\对象的基本操作.max"文件,选择要移动的对象,例如"茶壶"对象。

② 在主工具栏上,单击"选择并移动"工具 ![],"茶壶"对象上显示坐标。其中 X 轴为红色,Y 轴为绿色,Z 轴为蓝色。

③ 在坐标上选定移动方向即方向轴,选定后该轴以黄色显示,按住左键,移动鼠标,进行对象的移动,例如将"茶壶"对象沿 X 轴方向移动,则 X 轴显示为黄色。如果锁定在单向轴上,则对象只能沿一个方向移动。

对象的移动可以沿 X 轴、Y 轴或 Z 轴中任何一个方向也可以沿任意两个轴所在的平面移动。要取消该移动,请在释放鼠标前右击,则取消对象的移动。

④ 通过状态栏,将对象移动到一个绝对坐标位置。在状态栏输入 X、Y 和 Z 的坐标值,如图 1-12 所示。

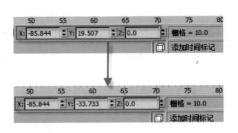

图 1-12　绝对坐标位置

（五）对象的旋转

利用"选择并旋转"工具 ○ ,可以将对象进行旋转,通过旋转可以全方位地观察物体。在旋转时注意选定旋转轴,默认选定的轴为 Z 轴。

① 打开本书案例文件夹中"第 1 章\香水瓶.max"文件,选择香水瓶对象。

② 在主工具栏上,单击"选择并移动"工具 ✛ ,"香水瓶"对象上显示旋转坐标。

旋转坐标是根据虚拟轨迹球的概念构建的。可以围绕 X 轴、Y 轴或 Z 轴或垂直于视窗的轴自由旋转对象,如图 1-13 所示。

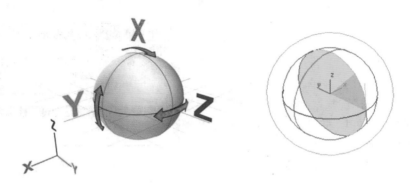

图 1-13　旋转坐标

轴控制柄是围绕轨迹球的圆圈。在任一轴控制柄的任意位置拖动鼠标,可以围绕该轴旋转对象。当围绕 X 轴、Y 轴或 Z 轴旋转时,一个透明切片会以直观的方式说明旋转方向和旋转量。如果旋转大于 360°,则该切片会重叠,并且着色会变得越来越不透明。视图上还会显示数字数据,以表示精确的旋转度。

③ 在坐标上选定旋转方向即旋转轴,选定后该轴以黄色显示,按住鼠标左键,然后拖动鼠标,进行对象的旋转。例如将"香水瓶"对象沿 X 轴方向旋转,则 X 轴显示为黄色,如图 1-14 所示。

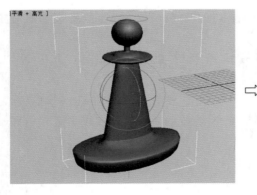

图 1-14　旋转对象

要取消该旋转，请在释放鼠标前右击，则取消对象的旋转。

（六）对象的缩放

利用"选择并旋转"工具 ⟳，可以将对象进行均匀缩放或者进行非均匀缩放。均匀缩放指在3个方向 X 轴、Y 轴、Z 轴上按比例缩放。非均匀缩放指在3个轴上进行不同程度的缩放。

按住"旋转并均匀缩放"按钮，将弹出隐藏按钮。它们用于非均匀缩放对象，使对象在2个方向上缩放不同程度。

1. 选择并均匀缩放

使用"选择并缩放"弹出按钮上的"选择并均匀缩放"工具，可以沿所有3个轴以相同量缩放对象，同时保持对象的原始比例。

① 打开本书案例文件夹中"第1章\香水瓶.max"文件，选择香水瓶对象。

② 在主工具栏上，单击"选择并均匀缩放"工具，"长方体"对象上显示坐标，如图1-15所示。

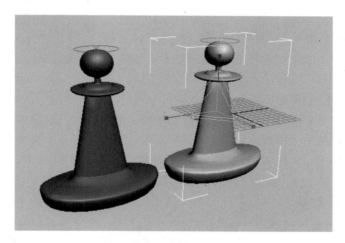

图 1-15　缩放对象

③ 在坐标中心位置上，按住鼠标左键，移动鼠标，进行对象的缩放，根据鼠标移动的方向，可以均匀地放大或缩小对象。

2. 选择并非均匀缩放

使用"选择并缩放"弹出按钮上的"选择并非均匀缩放"按钮，可以根据活动轴约束以非均匀方式缩放对象，可以限制对象围绕 X 轴、Y 轴或 Z 轴或者任意两个轴的缩放。

① 打开本书案例文件夹中提供的"第1章\香水瓶.max"文件，选择香水瓶对象。

② 在主工具栏上，单击选择"选择并非均匀缩放"工具，"长方体"对象上会显示坐标，选择 Z 轴（或者 X、Y 或者 XY、XZ、YZ），当 Z 轴变为黄色后，按住鼠标左键，移动鼠标，进行对象的缩放，根据鼠标移动的方向，可以沿 Z 轴的方向放大或缩小长方体。

3. 选择并挤压

"选择并挤压"工具可用于创建卡通片中常见的"挤压和拉伸"样式动画的不同相位，可以根据活动轴约束来缩放对象。挤压对象势必牵涉在一个轴上按比例缩小，同时在另两个轴上均匀地按比例增大（反之亦然）。

① 打开本书案例文件夹中"第 1 章\香水瓶.max"文件,选择香水瓶对象。

② 在主工具栏上,单击"选择并非均匀缩放"工具 ⬚,"长方体"对象上显示坐标,选择 Z 轴(或者 X、Y 或者 XY、XZ、YZ)。

③ 当 Z 轴变为黄色后,按住鼠标左键,移动鼠标,进行对象的缩放,根据鼠标移动的方向,可以沿 Z 轴的方向挤压长方体。

(七) 对象的对齐

在创建对象时,我们经常需要将多个对象按照要求进行排列,其中对齐是常用到的一种排列变化工具。在 3ds Max 中,主工具栏中的"对齐"弹出按钮提供了 6 种对齐方式,分别为"对齐"、"快速对齐"、"法线对齐"、"放置高光"、"对齐摄像机"、"对齐到视图"。我们主要学习第一种对齐工具,其他对齐方式在后面的案例中再详细学习。

使用"对齐"工具,可以将当前选择与目标选择对齐。目标对象的名称将显示在"对齐"对话框的标题栏中。

① 打开本书案例文件夹中"第 1 章\对齐操作.max"文件,选择源对象"球体"。将"球体"对象与"长方体"对象对齐。

② 在主工具栏上单击"对齐"按钮 ⬛,选择要对齐的目标对象"长方体",弹出"对齐当前选择"对话框,如图 1-16 所示。

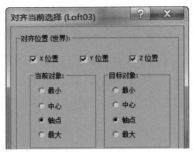

图 1-16　"对齐当前选择"对话框

③ 在参数面板上选择如下组合。

对齐位置:X 位置;当前对象:轴点;目标对象:轴点。对齐效果如图 1-17(a)所示。

对齐位置:Y 位置;当前对象:最大;目标对象:最小。对齐效果如图 1-17(b)所示。

对齐位置:X 位置,Y 位置,Z 位置;当前对象:最大;目标对象:最小。对齐效果如图 1-17(c)所示。

也可尝试其他参数组合,体会对齐工具的使用。

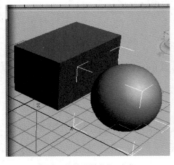 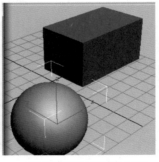 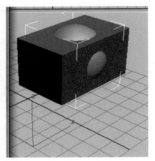

(a) X位置轴点对齐　　　　(b) Y位置最大和最小对齐　　　(c) X位置,Y位置,Z位置中心对齐

图 1-17　物体对齐

第二节　3ds Max 动画制作流程

三维动画制作是一个需要耐心的工作,特别是开发大型项目,往往需要很长的时间。但无论项目的大小基本制作流程是一样的。三维制作基本分为 5 大步骤:确定情节、场景及建模、

动画设置、材质和贴图、渲染输出。在实际制作过程中,有时为了得到一个满意的效果,往往需要在某个阶段反复调节。下面我们通过一个例子来介绍三维动画制作的过程。

一、确定情节

制作月球环绕地球运动的三维动画效果,同时设置地球自转效果,效果如图 1-18 所示。

二、场景及建模

根据情节要求,主要的模型有地球和月球,都是很简单的造型——球体。制作过程如下。

① 启动 3ds Max 软件,选择"新建"文件,创建一个新场景。

② 创建地球模型。单击命令面板中的"创建"面板 ![icon],在创建面板中,单击"几何体"按钮 ![icon],进入几何体创建面板;单击"球体"按钮 ![球体] ,在顶视图中,按住左键拖曳鼠标,创建一个半径较大的球体作为地球。在"名称和颜色"卷展栏中将该球体命名为"地球"。

图 1-18　月球环绕地球运动

③ 创建月球模型。使用相同的方法,创建一个半径较小的球体作为月球,并命名该球体为"月球",创建效果如图 1-19 所示。

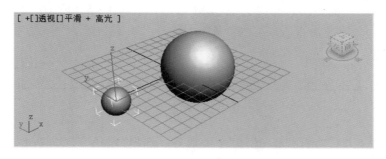

图 1-19　模型效果

三、动画设置

该动画主要包括两部分,一部分是地球的自转,另一部分为月球环绕地球转动效果。

① 地球的自转。在透视图中选择"地球"模型,在"动画控制区域",单击"自动"按钮,打开自动关键点,如图 1-20 所示。

② 将"时间滑块"拖曳到第 100 帧的位置。

图 1-20　打开自动关键点设置

③ 在主工具栏中选择"选择并旋转"按钮 ![icon],在透视图中选择围绕 Z 轴旋转,确定好旋转轴,按住鼠标左键,从右向左拖曳鼠标。顺时针旋转到合适的角度后松开鼠标,如图 1-21 所示。

④ 在"动画控制区域"单击"自动"按钮,关闭自动关键点,则地球顺时针旋转动画效果完成。

![小技巧] 地球模型的旋转快慢和单位时间内旋转的角度有关,例如 100 帧内旋转 90°比 100 帧之内旋转 180° 播放时旋转得要慢。

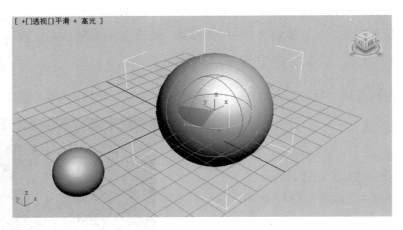

图 1-21　顺时针旋转

⑤ 月球环绕地球转动。单击命令面板中的"创建"面板 ，在创建面板中，单击"图形"按钮 ，进入图形创建面板，单击"椭圆"按钮 ，在顶视图中，按住左键拖曳鼠标，创建一个椭圆图形作为月球环绕地球运动的路径，并命名为"路径"，如图 1-22 所示。

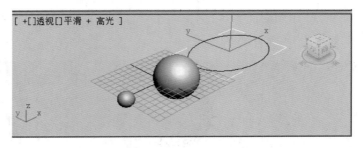

图 1-22　椭圆图形

⑥ 利用对齐工具将"路径"和"地球"中心对齐。选择"路径"对象，单击主工具栏上的"对齐"按钮 ，选择"地球"对象，参数设置如图 1-23 所示。

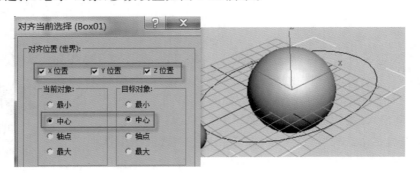

图 1-23　"路径"和"地球"中心对齐

⑦ 在透视图中，利用旋转工具将"路径"对象沿 Y 轴旋转一定角度，如图 1-24 所示。

⑧ 轨迹动画。选择"月球"对象，单击命令面板中的"运动"面板 ，单击 轨迹 按钮，如图 1-25 所示。

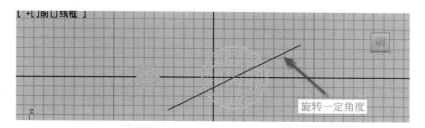

图 1-24　旋转"路径"对象

⑨ 选择"月球"对象，在运动面板中将参数采样数设置为 40，单击"转化为"按钮，然后单击"路径"对象，则动画设置完成。

⑩ 播放动画。在动画控制区域单击"播放动画"按钮 ▶，播放动画效果。

图 1-25　运动面板

四、材质和贴图

① 为地球添加贴图。在菜单栏中选择"渲染"，单击下拉菜单中的"材质编辑器"。也可以直接按快捷键 M。弹出材质编辑器对话框，如图 1-26 所示。

② 选择第一个材质球，默认材质名称为"01-Default"，为了使用方便我们将该材质重新命名为"地球"。在反射高光中设置"高光级别"为 63，"光泽度"为 15，如图 1-26 所示。

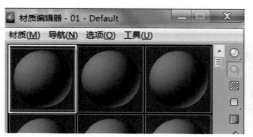
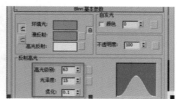

图 1-26　材质编辑器

③ 选择第一个材质球，单击"漫反射"后面的按钮，弹出"材质/贴图浏览器"对话框，在对话框中选择"位图"，单击"确定"按钮。

④ 在"选择位图图像文件"对话框中，选择本书案例文件夹中"第 1 章\Earth.jpg"图片文件，单击"打开"。

⑤ 将设置好的"地球"材质赋予"地球"对象。在"地球"材质按住鼠标左键不松开，移动鼠标进行拖曳，将该材质拖曳到"地球"对象上，然后松开鼠标。

⑥ 可以通过单击"在视口中显示标准贴图"按钮 ▓ 来确定是否在视图区域显示贴图效果。

⑦ 为月球添加贴图。打开材质编辑器，选择第二个材质球，默认材质名称为"02-Default"，为了使用方便，我们将该材质重新命名为"月球"。在反射高光中设置"高光级别"为 30，"光泽度"为 10。

⑧ 单击"漫反射"后面的按钮,弹出"材质/贴图浏览器"对话框,在对话框中选择"位图",单击"确定"按钮。

⑨ 在"选择位图图像文件"对话框中,选择本书案例文件夹中"第 1 章\Moon.jpg"图片文件,单击"打开"。

⑩ 将设置好的"月球"材质赋予"月球"对象。在"月球"材质按住鼠标左键不松开,移动鼠标进行拖曳,将该材质拖曳到"月球"对象上,然后松开鼠标。

⑪ 最终效果如图 1-27 所示。

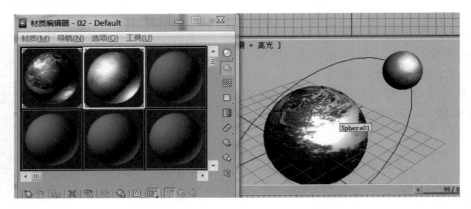

图 1-27　添加材质后的地球和月球模型

五、渲染输出

渲染将颜色、阴影、照明效果等加入几何体中,从而可以使用所设置的灯光、所应用的材质及环境设置(如背景和大气)为场景的几何体着色。使用"渲染场景"对话框以创建渲染并将其保存到文件。渲染也显示在屏幕上,在渲染帧窗口中。

本案例的最后一步就是通过渲染将动画设置为可播放的文件,我们可以通过渲染查看最终效果并生成能够直接在计算机上进行播放的文件。

① 添加星空环境背景。单击"渲染"菜单,在下拉菜单中选择"环境",打开"环境和效果"对话框,如图 1-28 所示。

图 1-28　"环境和效果"对话框

② 单击在环境贴图下的按钮"无",打开"材质和贴图浏览器"对话框,选择"位图",单击"确定"。

③ 在"选择位图图像文件"对话框中,选择本书案例文件夹中"第 1 章\Bg.gif"图片文件,单击"打开"。

④ "环境和效果"对话框中,选择"渲染预览",预览背景贴图效果,如图 1-28 所示。

⑤ 预览没有问题,关闭"环境和效果"对话框

⑥ 渲染输出 AVI 格式的文件。单击"渲染"菜单,在下拉菜单中选择"渲染设置",打开"渲染设置"对话框。

⑦ 参数设置。在"公用参数"卷展栏下的"时间输出"选项中,点选"范围",选择渲染范围从第 0 帧到第 100 帧,如图 1-29 所示。

图 1-29 "渲染设置"对话框

⑧ 在"渲染输出"卷展栏中,单击"文件"按钮,如图 1-29 所示,弹出"渲染输出文件"对话框,输入文件名"地球动画",保存类型选择"avi",单击"保存"按钮。

⑨ 在"渲染输出文件"对话框中,输入文件名"月球环绕地球旋转",在保存类型中单击"所有格式"下拉列表,在列表中选择"AVI 文件按(* . avi)",单击"保存"。弹出"AVI 文件压缩设置",单击"确定"按钮,完成文件保存设置。

⑩ 返回"渲染设置"对话框,单击对话框右下角的"渲染"按钮,开始文件的渲染输出。

本 章 小 结

• 重点掌握对象的基本操作
• 熟悉 3ds Max 动画制作流程

课 堂 实 训

1. 修改 3ds Max 2011 的视图界面显示方式,使其左方为顶视图、前视图和左视图 3 个小视图,右方为透视视图。

2. 利用对象的基本操作和动画制作流程,完成一个球体沿着斜坡滚动效果的制作。

第二章

基础建模

本章导读

　　本章主要学习的是利用系统提供的基本建模工具来创建基本三维几何体和二维图形，利用简单而强大的修改工具对三维几何体和二维图形进行修改，从而得到看似简单却又让我们惊喜的模型对象。

技能要求

　　1. 掌握创建基本模型的方法，包括三维几何体和二维模型及常用的对象操作方法；

　　2. 熟练掌握二维图形转换为三维模型的方法；

　　3. 掌握将多个对象组合成单个对象的方法，并熟练使用修改器制作复杂三维模型。

第一节　创建三维几何体

一、标准几何体的创建

　　场景中实体 3D 对象和用于创建它们的对象，称为几何体。标准几何体是利用 3ds Max 系统配置的几何体造型创建，包括长方体、圆锥体、球体、几何球体、圆柱体、管状体、圆环、四棱锥、茶壶、平面 10 种，它们常用来组合成其他几何体或在这些标准几何体基础上运用各种修改器创建其他造型。

　　我们通过"创建"面板创建标准几何体，"创建"面板是命令面板的默认状态，如图 2-1 所示。3ds Max 包含的 10 个标准基本体可以在视口中通过鼠标轻松创建，而且大多数基本体也可以通过键盘生成。

（一）长方体的创建

长方体是 3ds Max 中最为简单和常用的几何体，其形状由长度、宽度和高度 3 个参数决定，如图 2-2 所示。

（二）圆锥体的创建

使用"创建"命令面板上的"圆锥体"按钮可以产生直立或倒立的圆锥体、圆台、棱锥、棱台以及它们的局部模型，如图 2-3 所示。其形状由底面半径、顶面半径和高度 3 个参数决定。

图 2-1 "创建"面板

小技巧　"切片"选项用于控制物体是否被分割，当该选项被选中时，可创建不同角度的扇面锥体。其他旋转体如球体、柱体、圆管等均有这一选项，以后不再赘述。

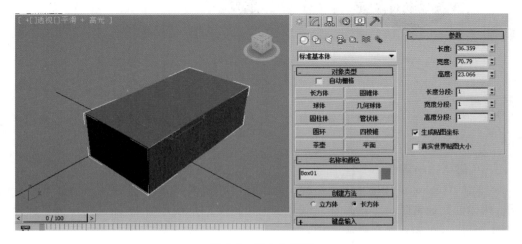

图 2-2 长方体模型

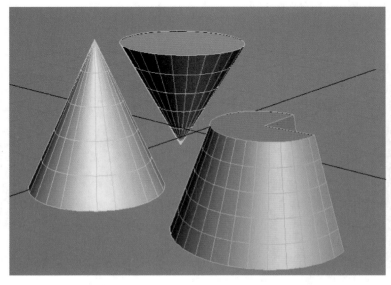

图 2-3 圆锥体模型

（三）球体的创建

使用"创建"命令面板上的"球体"按钮可以产生完整的球体、半球体或球体的其他部分。其形状主要由半径和分段2个参数决定，如图2-4所示。

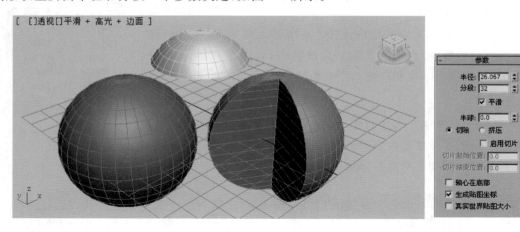

图2-4 球体模型

在"参数"卷展栏中，设置"半球"为0.5，则球体将缩小为上半部，生成半球。

（四）几何球体的创建

几何球体（Geosphere）与球体是两种不同的标准几何体，几何球体是用多面体来逼近的几何球体，球体则是通常意义上的球体。球体表面由许多四角面片组成，而几何球体表面由许多三角面片组成，效果如图2-5所示。

（五）圆柱体的创建

使用"创建"命令面板上的"圆柱体"按钮可以创建圆柱体、棱柱及它们的局部模型，如图2-6所示。其形状由半径、高和边数三个参数确定其形状。

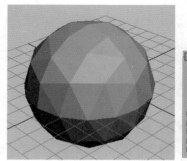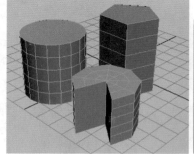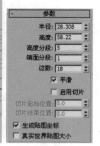

图2-5 几何球体模型   图2-6 圆柱体模型

（六）圆环

使用"创建"命令面板上的"圆环"按钮可以创建可生成一个环形或具有圆形横截面的环，不同参数进行组合还可以创建不同的变化效果，如图2-7所示。

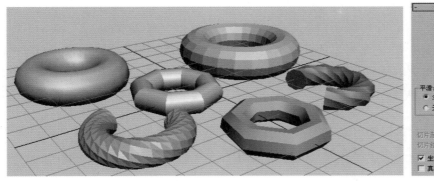

图 2-7　圆环模型

"分段"参数说明

分段参数是对长方体做修改和渲染用的。例如，给长方体添加弯曲修改器时，段数越多，对物体进行修改后的变化越平滑，渲染效果越好。但随着段数值的增加，计算量就越大，同时也要耗费更多的内存。因此设置段数时，在不影响效果的情况下应尽可能的小（创建其他几何体时，有关"段数"的用处同样，以后就不再说明）。

二、编辑多边形

已有的三维模型是不能满足我们需要的，但是我们可以在已有三维模型的基础上进行修改，通过修改得到我们需要的模型效果，进行复杂模型的创建。

编辑多边形修改器提供用于选定对象的不同子对象层级的显式编辑工具：顶点、边、边界、多边形和元素。

常规步骤如下。

① 选择所要编辑的三维模型。

② 在"修改"命令面板中单击"修改器列表"，选择"编辑多边形"命令。

③ 在"参数"卷展栏中对三维模型进行加工编辑。

下面我们以长方体为例说明编辑多边形的使用。在顶视图中创建三维模型长方体，在"修改"命令面板中单击"修改器列表"，选择"编辑多边形"命令。进入编辑多边形修改参数面板，如图 2-8 所示。

图 2-8　"编辑多边形"修改面板

我们可以在"编辑器堆栈"区中单击"编辑多边形"项左边的"＋"号，展开编辑层次，可以分别选择"顶点"、"边"、"边界"、"多边形"和"元素"5 种次对象进行编辑和修改；也可以在"选择"卷展栏中单击 （顶点）、 （边）、 （边界）、 （多边形）和 （元素）按钮。

（一）次对象

1．顶点

顶点是空间上的点，它是对象的最基本层次。当移动或者编辑顶点的时候，顶点所在的面也受影响。对象形状的任何改变都会导致重新安排顶点。在 3ds Max 中有很多编辑方法，但是最基本的是顶点编辑。

2．边

边是指一条可见或者不可见的线，它连接两个节点，而形成面的边。两个面可以共享一个边。处理边的方法与处理节点类似，在网格编辑中经常使用。

3．边界

边界是由仅在一侧带有面的边组成，并总是为完整循环。例如，长方体一般没有边框，但茶壶对象有多个边框：在壶盖上、壶身上、壶嘴上以及在壶柄上的两个。如果创建一个圆柱体，然后删除一端，这一端的一行边将组成圆形边框。

4．多边形

多边形是在可见的线框边界内的面形成了多边形。多边形是面编辑的便捷方法。

5．元素

元素是网格对象中一组连续的表面，例如，长方体总体就是一个元素，茶壶就是由 4 个不同元素组成的几何体。

（二）顶点编辑

当编辑修改限定在"顶点"次对象层次上时，可对网格体的最小构成元素"顶点"进行编辑。

案例　凳子模型

【案例分析】

通过本案例熟练掌握三维基本模型的创建和修改，掌握编辑多边形修改器的使用和"顶点"次对象的编辑和修改，效果如图 2-9 所示。

图 2-9　凳子建模

【制作步骤】

① 在顶视图中，利用几何体创建面板中的"长方体"创建长方体模型，长度＝100；宽度＝100；高度＝－170；长度分段＝5；宽度分段＝5；高度分段＝5，如图 2-10 所示

② 选择"长方体"，在"修改"命令面板中单击"修改器列表"，选择在"编辑多边形"命令，对长方体进行编辑。

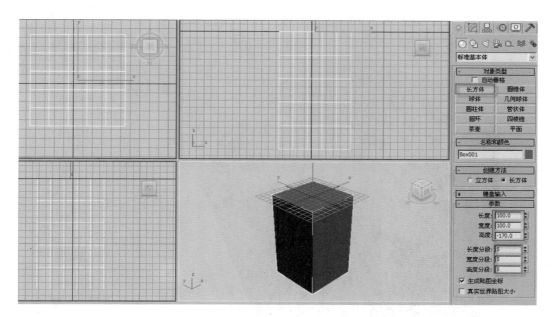

图 2-10　创建长方体

③ 在"编辑器堆栈"区中，单击"编辑多边形"项左边的＋号，展开编辑层次，选择"顶点"次对象，进入长方体的顶点编辑状态。

④ 选择透视图，将视图最大化选择顶点级别。按 F4 显示边线后，选择顶部 4 个顶点，如图 2-11 所示。

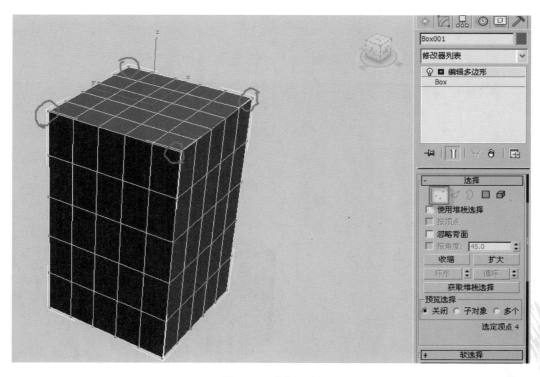

图 2-11　选择顶点

⑤ 将选择的 4 个顶点进行"切角",打开参数窗口,调整参数为 18,如图 2-12 所示。

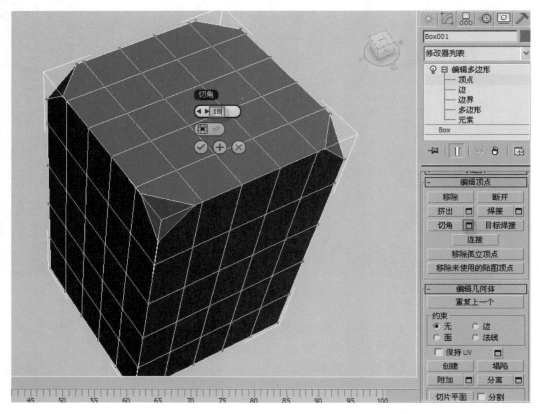

图 2-12   切角

⑥ 在顶点级别下,在前视图和左视图中移动水平顶点,如图 2-13 所示。

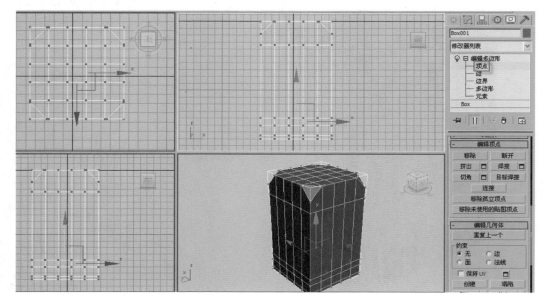

图 2-13   移动水平顶点

⑦ 在边的级别选择下选择如图 2-14 中所示的边。

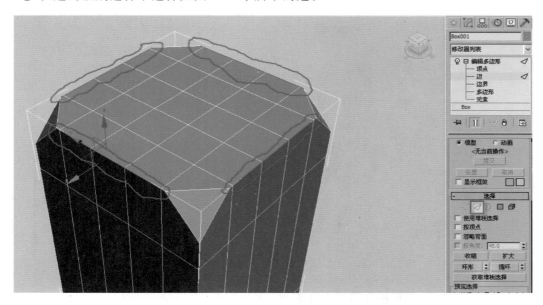

图 2-14　选择边

⑧ 将选择的边进行倒角,数量调整为 3,公段为 1,如图 2-15 所示。

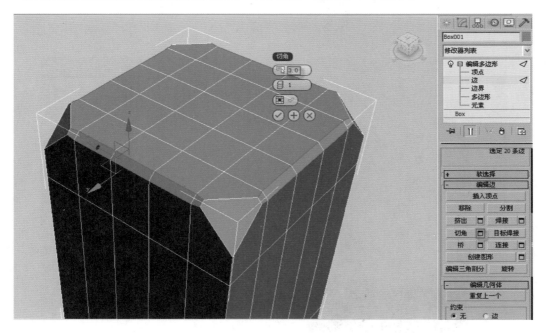

图 2-15　对边倒角

⑨ 同理选择立方体的 4 条侧棱边。同样将棱上的边选择进行倒角,倒角数量为 4,如图 2-16 所示。

⑩ 在多边形的级别下,选择顶部的 4 个三角面,用"插入"打开数据调整窗口,调整数量为 2,如图 2-17 所示。

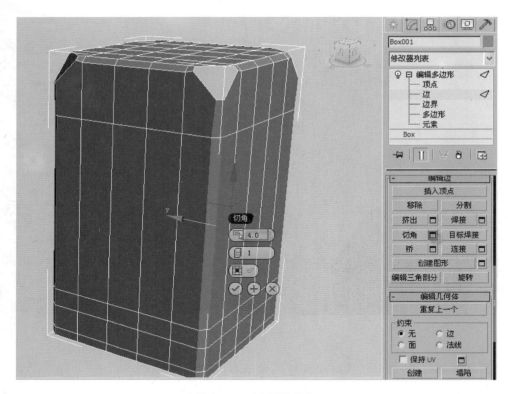

图 2-16　对立面边倒角

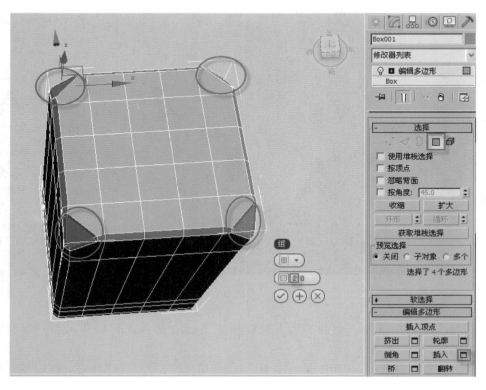

图 2-17　插入面

⑪ 在线的级别下，将 4 条侧面的线选中（配合 Ctrl 键加选），如图 2-18 所示。

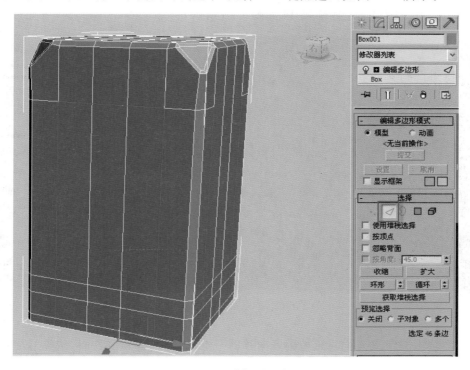

图 2-18　选择侧面边

⑫ 将选择的线进行切角，切角数量为 1，分段为 1，如图 2-19 所示。

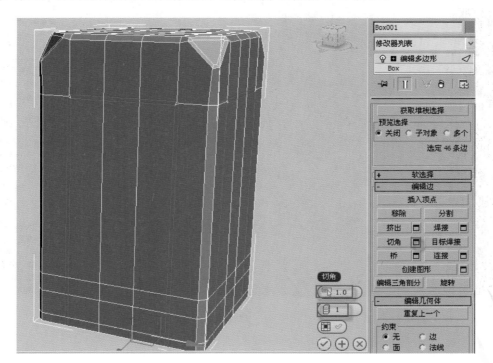

图 2-19　对侧面边切角

⑬ 在点的级别下，用"目标焊接"命令将 4 个里面的点进行焊接。1 点与 2 点、3 点和 4 点进行目标焊接，其他的里面也同样操作，如图 2-20 所示。

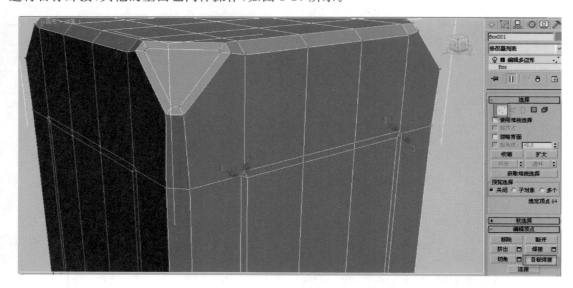

图 2-20　焊接点

⑭ 焊接后将 1 点、2 点向靠近棱的方向移动一点，同理调整其他各面，调整后的各面的效果如图 2-21 所示。

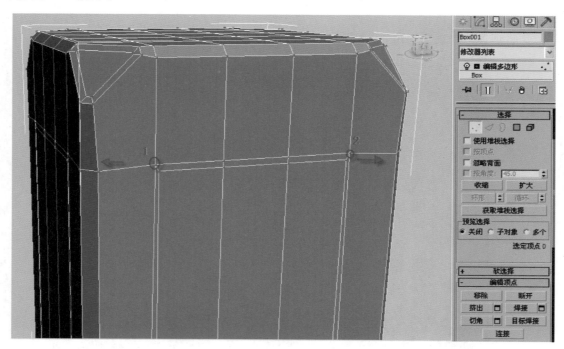

图 2-21　调整点位置

⑮ 选择面的级别，将刚倒角的面选择，如图 2-22 所示。

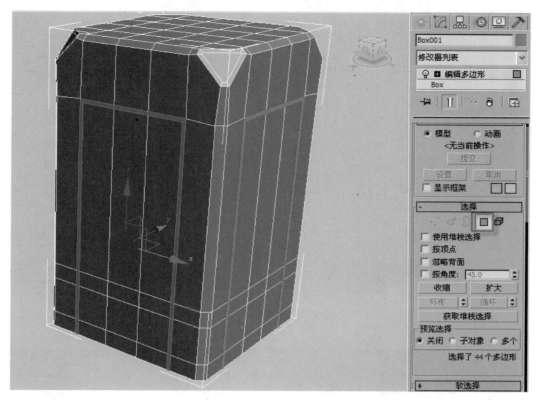

图 2-22 选择面

⑯ 将选择的面进行两次倒角，第一次高为 1，扩边为 0，如图 2-23（a）所示。第二次为组法线，倒角高为 0.55，轮廓为－0.44，如图 2-23（b）所示。

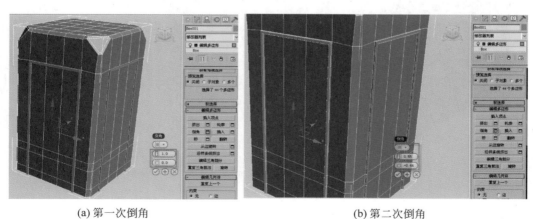

(a) 第一次倒角　　　　　　　　　　　　　　　　(b) 第二次倒角

图　2-23

⑰ 在面的级别，选择下面的 4 个角的 3 个面，如图 2-24 所示。

⑱ 将所选择的面挤出 2 个单位，如图 2-25 所示。

⑲ 挤压后将如图 2-26 所示的面选择，一共是 8 处，选择后进行删除。

图 2-24　选择 4 个地脚面

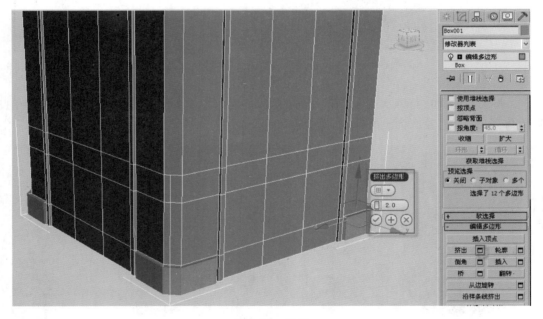

图 2-25　挤出

⑳ 在点的级别下,将 1 点"目标焊接"到 2 点上,将 3 点"目标焊接"到 4 点上,如图 2-27 所示。

㉑ 同理,在另一侧 5 点目标焊接到 6 点,7 点目标焊接到 8 点。其他的三个底角做同样的操作,如图 2-28 所示。

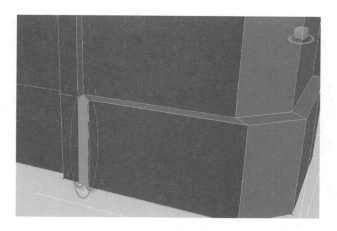

图 2-26　删除多余面

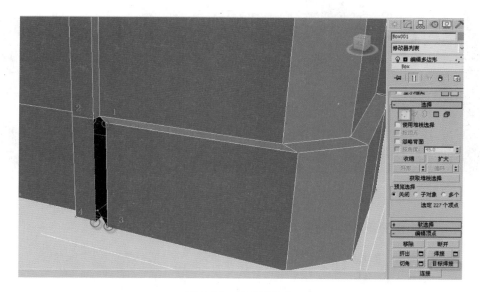

图 2-27　目标焊接点

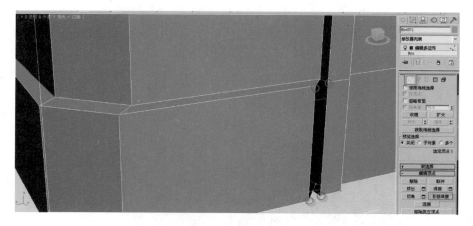

图 2-28　目标焊接点

㉒ 在面的级别下,选中中间的面,插入一个面,如图 2-29 所示。

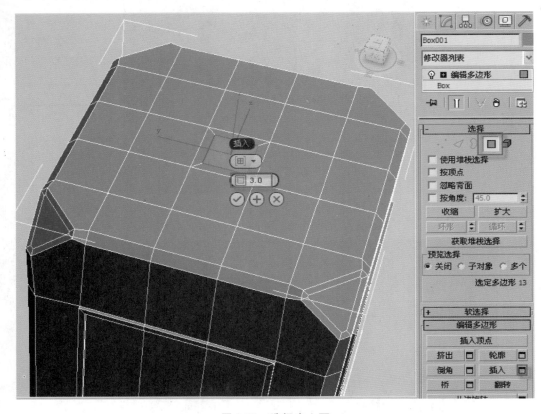

图 2-29   选择中心面

㉓ 然后将选中的面删除掉,如图 2-30 所示。

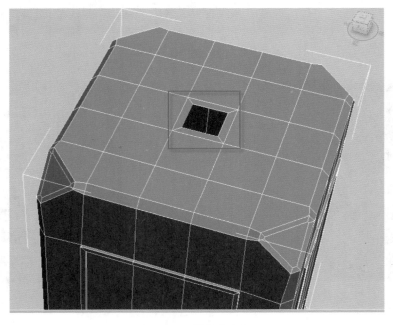

图 2-30   删除中心面

㉔ 在边的级别下，选择如图 2-31 所示的线。

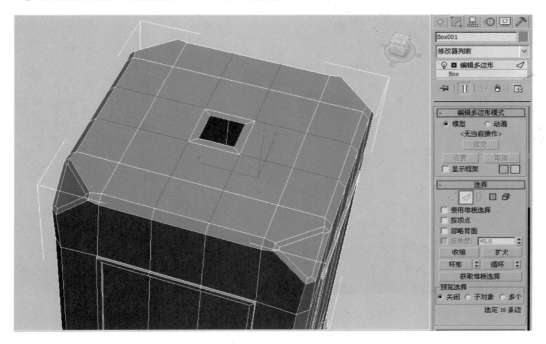

图 2-31　选择边

㉕ 将选择的边进行切角，如图 2-32 所示。

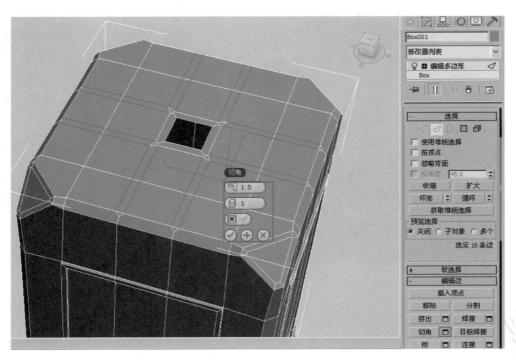

图 2-32　对边切角

㉖ 在面的级别下,选择如图 2-33 所示的面,注意那些小面也要选择到。

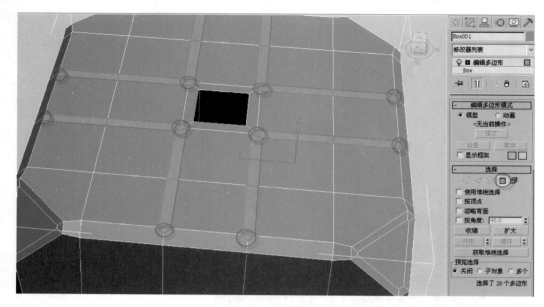

图 2-33　选择面

㉗ 将选择的面进行倒角,注意进行两次倒角,参数大概就可以了,看情况而定,如图 2-34 所示。

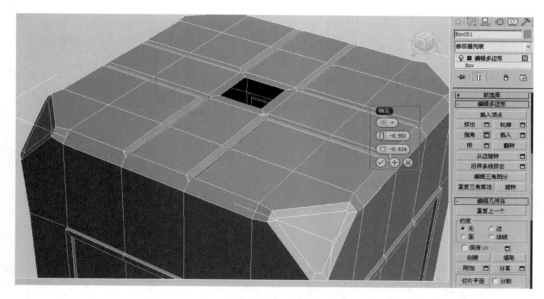

图 2-34　对面倒角

㉘ 在开放的边下选择顶面的边,如图 2-35 所示。

㉙ 在前视图中,配合 Shift 键沿着 Y 轴向下复制三个断面,如图 2-36 所示。所标 1、2、3、表示 1、2、3 的移动位置。

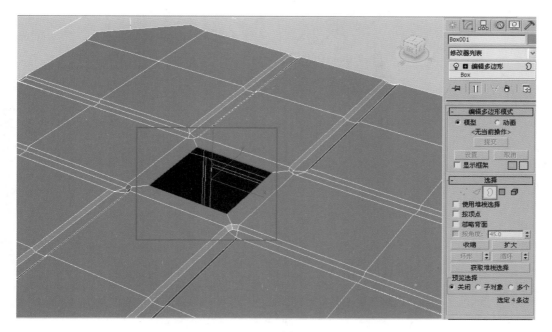

图 2-35　选择边界

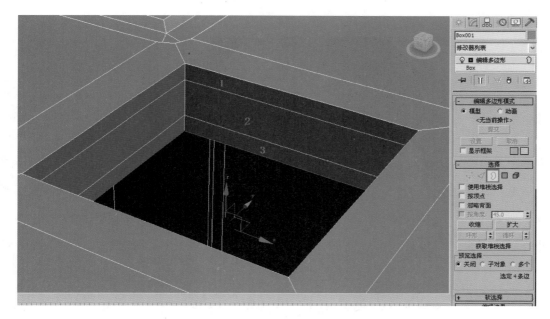

图 2-36　复制断面

㉚ 在面的级别下，选择如图 2-37 所示的四个里面的面，注意底面不要选择，配合 Ctrl 键加选和 Alt 键减选，将选择的面删除掉。

㉛ 同样将底面选择并删除掉，如图 2-38 所示。

㉜ 取消子对象的选择，在修改器中加入"锥化"的修改器命令，其参数设置如图 2-39 所示。

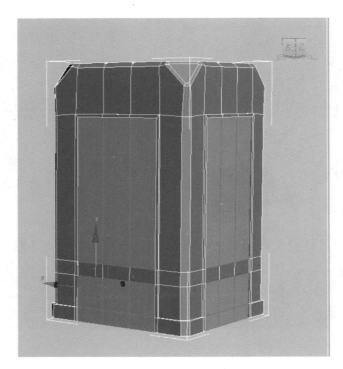

图 2-37　删除选择面

图 2-38　删除底面

㉝ 在修改器的列表中加入"壳"的修改器命令。这样使模型就有了厚度,注意设置的参数如图 2-40 所示。

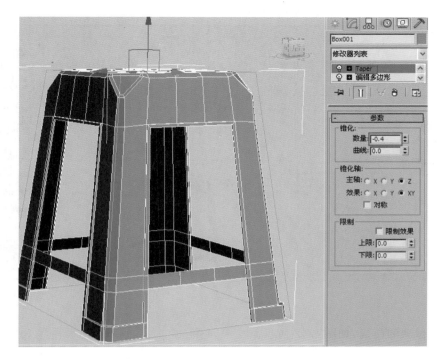

图 2-39　锥化

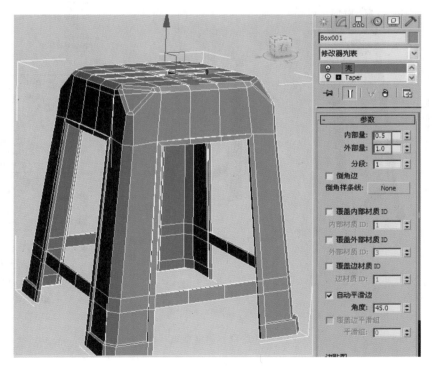

图 2-40　加入壳

㉞ 回到 Edit Poly 层级下的点的级别，将前视图后左视图的点按表示的方向移动一点，如图 2-41 所示。

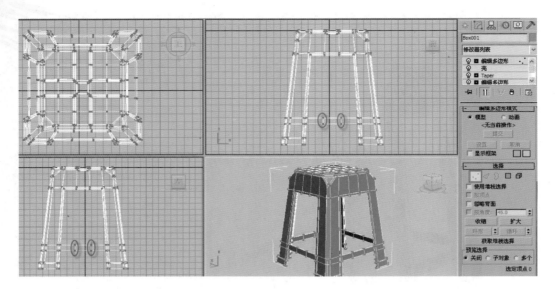

图 2-41　选择顶点

㉟ 完成移动的位置,如图 2-42 所示。

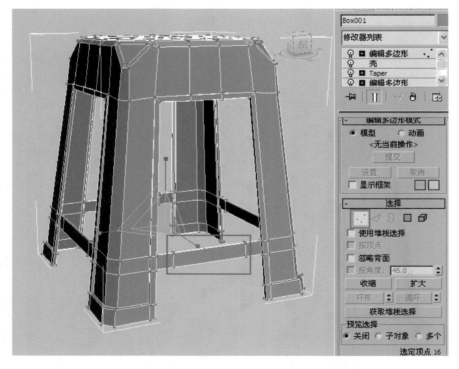

图 2-42　调整顶点

㊱ 在多边形级别下选中中间部分,如图 2-43 所示。

㊲ 选择"切片平面"调整黄色切平面的位置,单击"切片",选择切面在视图中将其面向下移动如图 2-44 所示的位置,然后,单击修改面板上的切片就增加了段。同样也将下面的部分进行加段划分,如图 2-44 所示。

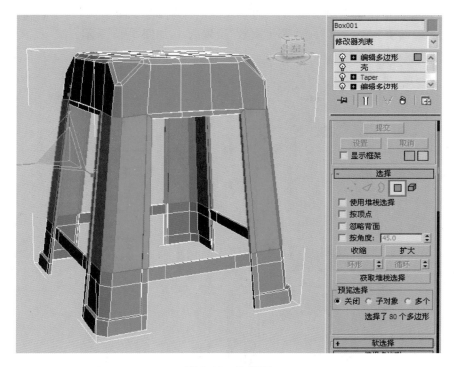

图 2-43 选择面

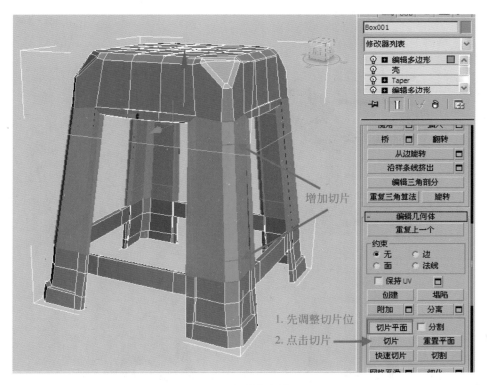

图 2-44 增加切片

㊳ 以上步骤加好了准备细分的"段"的子对象的级别,在上面加"涡轮平滑"修改器命令,这样使对象的表面更光滑。可以将"迭代次数"设置为1,如图2-45 所示。

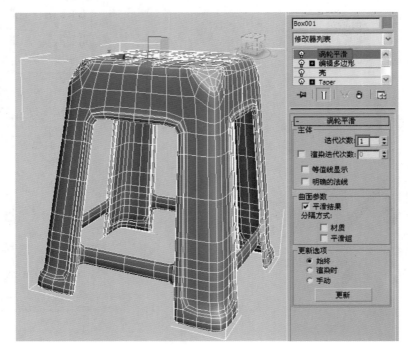

图 2-45　涡轮平滑

㊴ 完成最终效果,如图 2-46 所示。

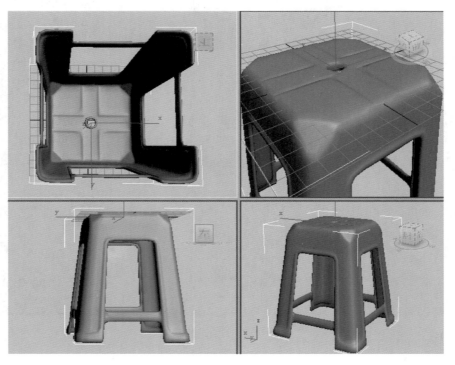

图 2-46　建模完成

（三）多边形编辑

案例 **高跟鞋模型**

【案例分析】

通过本案例制作精美可爱的高跟鞋，以此掌握三维基本模型的创建和修改，掌握"编辑多边形"修改器的使用和"点"次对象的编辑和修改，效果如图 2-47 所示。

图 2-47　高跟鞋模型

【制作步骤】

① 首先在顶视图上创建一个长方体，如图 2-48 所示。

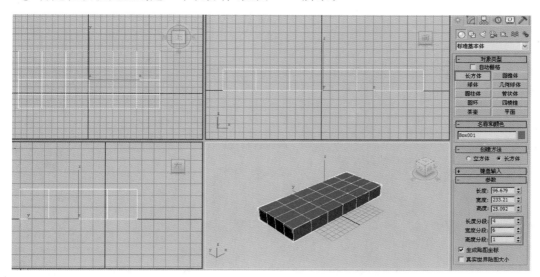

图 2-48　创建长方体

② 选中长方体右击打开快捷菜单选择"转换为可编辑多边形"，如图 2-49 所示。

③ 选择顶点级别，在顶视图中调整顶点的位置，如图 2-50 所示。

④ 在顶视图上，边线级别下将底部的红圈里的线选中，用"编辑边"里的"移除"功能将选中的边线删除，如图 2-51 所示。

⑤ 在其他视图利用移动工具，把侧面的点也移动拉成鞋的形状，如图 2-52 所示。

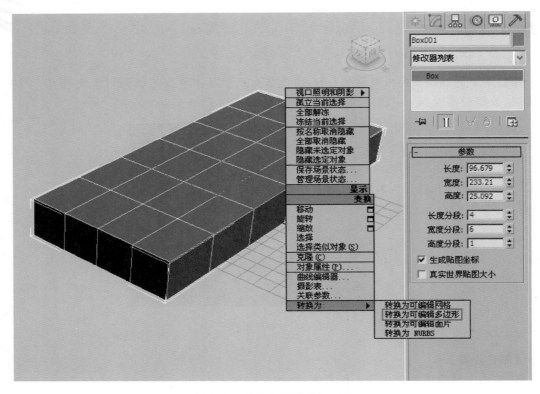

图 2-49   转换为可编辑多边形

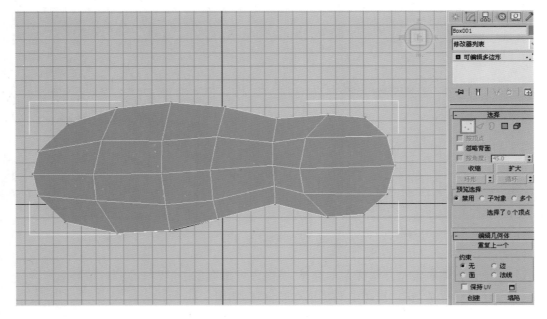

图 2-50   调整顶点位置

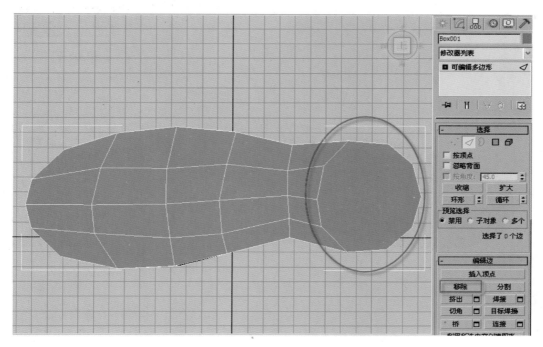

图 2-51　移除边线

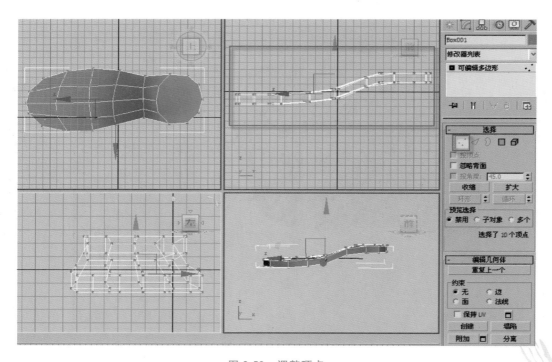

图 2-52　调整顶点

⑥ 在透视图中选中鞋跟部分，如图 2-53 所示。

⑦ 把此面用"挤出"功能挤出后并缩放此面，调整后如图 2-54 所示。

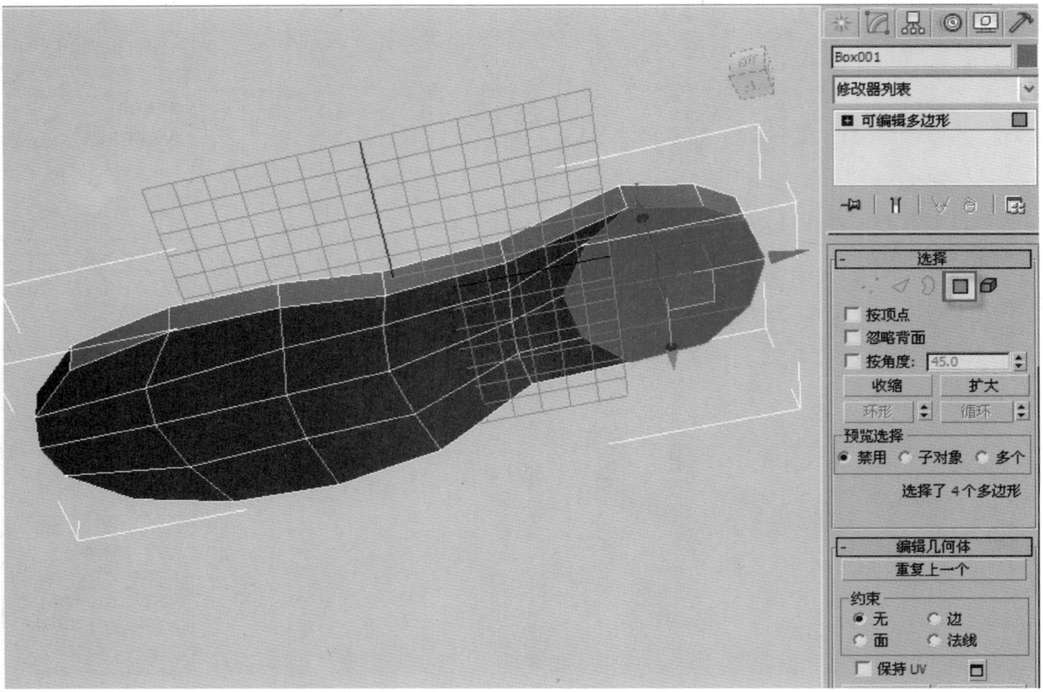

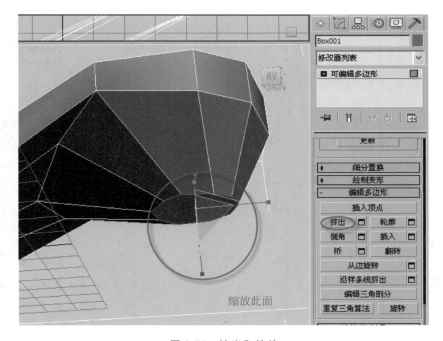

图 2-53   选择鞋跟底面

图 2-54   挤出和缩放

⑧ 用"倒角"功能挤出和收缩实施二次,如图 2-55 所示。

⑨ 取消子选择,在"修改器列表"中添加"网格平滑"修改器,"迭代次数"设置为 2,如图 2-56 所示。

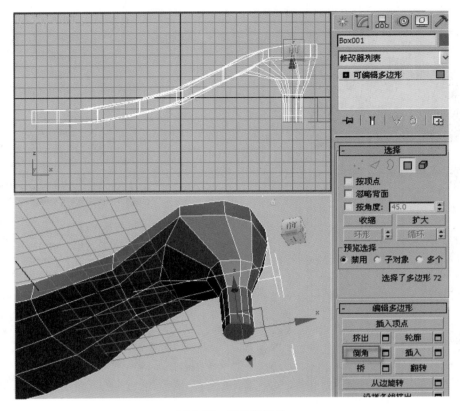

图 2-55　倒角和缩放

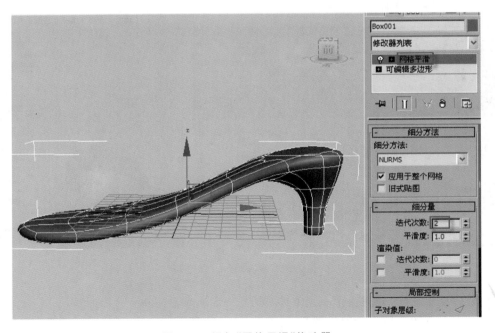

图 2-56　添加"网格平滑"修改器

⑩ 再建一个长方体，如图 2-57 所示。

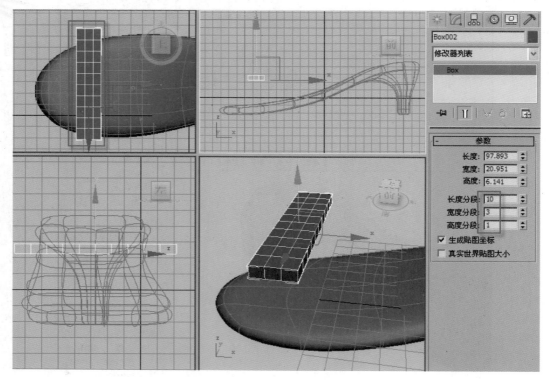

图 2-57　创建长方体

⑪ 在修改器中添加"弯曲"修改器，调整参数后，如图 2-58 所示。

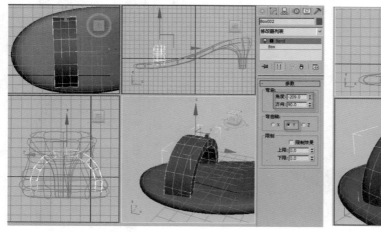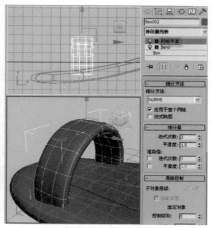

图 2-58　添加"弯曲"修改器

⑫ 最后是做花瓣，先建一个小立方体，如图 2-59 所示。

⑬ 将小立方体转换为可编辑的多边形，如图 2-60 所示。

⑭ 利用移动工具调整顶点，把它调整成心形，如图 2-61 所示。

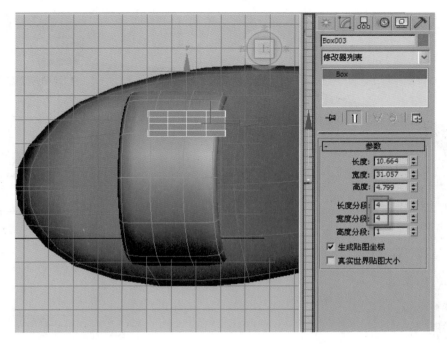

图 2-59　创建立方体

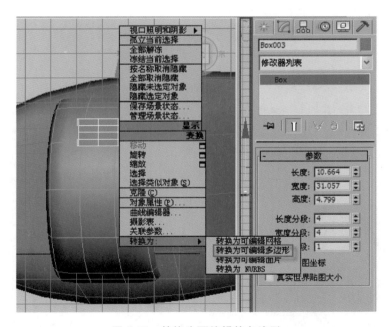

图 2-60　转换为可编辑的多边形

⑮ 利用镜像复制工具将花瓣复制,中心再创建一个球体,然后用缩放工具将其压扁,如图 2-62 所示。

⑯ 选中 5 花瓣用"附加"依次附加其余 1、2、3、4 物体,在修改器列表添加"网格平滑"修改器,设置"迭代次数"为 1,如图 2-63 所示。

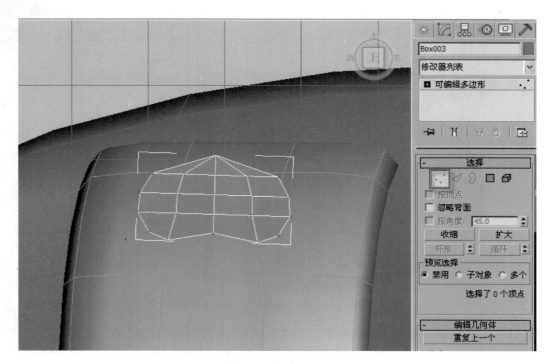

图 2-61　调整为心形

图 2-62　创建球体

⑰ 在修改器列表中添加"FFD 3×3×3",打开次层级选择控制点。用移动工具调整控制点的位置使其与弯曲的弧面物体相吻合,如图 2-64 所示。

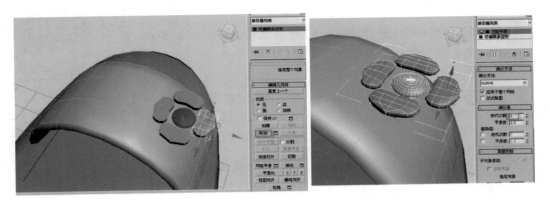

图 2-63　附加花瓣、添加"网格平滑"修改器

图 2-64　添加"FFD 3×3×3"

⑱ 完成高跟鞋模型的创建，如图 2-65 所示。

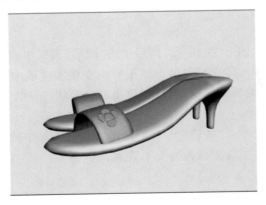

图 2-65　完成模型

三、二维图形的创建

　　二维图形创建主要用途是通过一些如挤出、车削、放样等命令来建立复杂的三维模型，我们通过"创建"面板中的"图形"面板来创建二维图形，"图形"面板如图 2-66 所示。

（一）线

在"创建"面板中单击"图形"按钮，然后单击"图形"面板中的"线"按钮，即可打开"线"命令面板。

（二）矩形

在"创建"面板中单击"图形"按钮，然后单击"图形"面板中的"矩形"按钮，即可打开"矩形"命令面板。

图 2-66 "图形"面板

小技巧

按住 Ctrl 键，同时拖动鼠标可以创建正方形。

（三）圆

在"创建"面板中单击"图形"按钮，然后单击"图形"面板中的"圆"按钮，即可打开"圆"命令面板。

（四）椭圆

在"创建"面板中单击"图形"按钮，然后单击"图形"面板中的"椭圆"按钮，即可打开"椭圆"命令面板。

（五）弧

在"创建"面板中单击"图形"按钮，然后单击"图形"面板中的"弧"按钮，即可打开"弧"命令面板。我们可以使用"弧"工具制作各种圆弧曲线和扇形。

（六）圆环

在"创建"面板中单击"图形"按钮，然后单击"图形"面板中的"圆环"按钮，即可打开"圆环"命令面板。

（七）多边形

在"创建"面板中单击"图形"按钮，然后单击"图形"面板中的"多边形"按钮，即可打开"多边形"命令面板。使用"多边形"可创建具有任意面数或顶点数（N）的闭合平面或圆形样条线。

（八）星形

在"创建"面板中单击"图形"按钮，然后单击"图形"面板中的"星形"按钮，即可打开"星形"命令面板。星形是一种实用性很强的二维图形。在现实生活中可以看到很多横截面为星形的物体。通过调整星形的参数选项，可以创建出多种形状各异的星形图形。

（九）文本

在"创建"面板中单击"图形"按钮，然后单击"图形"面板中的"文本"按钮，即可打开"文本"命令面板。利用"文本"工具创建各种文本效果。

（十）螺旋线

在"创建"面板中单击"图形"按钮，然后单击"图形"面板中的"螺旋线"按钮，即可打开"螺旋线"命令面板。螺旋线是一种立体的二维模型，实际应用比较广泛，常通过对其进行放样造型，创建螺旋形的楼梯、螺丝等。

四、编辑二维图形

已有的二维图形是不能满足我们需要的，但是我们可以在已有二维图形的基础上进行修改，通过修改得到我们需要的图形，然后再进行进一步的建模。

常规步骤如下。

① 选择所要修改的二维模型。

② 在"修改"命令面板中选择"编辑样条线"命令。

③ 在"参数"卷展栏中对二维模型进行加工编辑。

图形"线"不用执行"编辑样条线"命令，直接进入"修改"面板即可进行编辑修改。

下面我们以"星形"为例说明"编辑样条线"的使用。在顶视图中创建二维图形"星形"，在"修改"命令面板中选择"编辑样条线"命令进入修改参数面板，如图 2-67 所示。

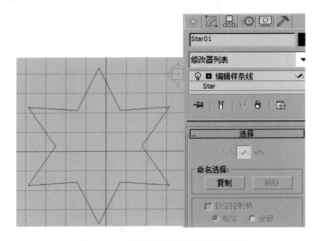

图 2-67 "编辑样条线"修改面板

我们可以在"编辑器堆栈"区中，单击"编辑样条线"项左边的"＋"号，展开编辑层次，可以分别选择"顶点"、"分段"和"样条线"3 种次对象进行编辑和修改。也可以在"选择"卷展栏中单击 ⬚（顶点）、 ⬚（分段）和 ⬚（样条线）按钮，效果相同。

（一）编辑"顶点"

对顶点的编辑主要包括改变节点类型、在某节点处断开曲线、连接两节点、插入节点、定义起点和删除节点等操作。下面我们分别来说明对节点进行编辑的方法。

1. 移动顶点

① 单击"选择"卷展栏中的"顶点"按钮 ⬚ ，激活"顶点"编辑状态。

② 选择工具栏中的"选择并移动"工具 ⬚ ，然后单击任何一个顶点并拖动，即可改变该顶点的位置。

2. 改变顶点的类型

顶点的类型有以下几种。

- Bezier 角点类型：贝济埃角点，提供控制柄，并允许两侧的线段成任意的角度。
- Bezier 类型：贝济埃，由于 Bezier 曲线的特点是通过多边形控制曲线，因此它提供了该点的切线控制柄，可以用它调整曲线。
- 角点类型：顶点的两侧为直线段，允许顶点两侧的线段为任意角度。
- 平滑类型：顶点的两侧为平滑连接的曲线线段。

① 单击"选择"卷展栏中的"顶点"按钮 ，激活"顶点"编辑状态。

② 单击主工具栏中的"选择对象"工具 ，选中某个节点，右击该节点。

③ 弹出的快捷菜单如图 2-68 所示，菜单包含 4 种类型的节点可供选择：Bezier 角点、Bezier（此为星形中节点的默认类型）、角点和平滑。

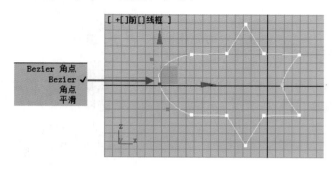

图 2-68　节点选择

④ 单击"平滑"节点类型，即可将选中的节点改为平滑类型。

⑤ 选择其他节点，修改节点类型，并利用移动和旋转工具进行节点操作，观察节点的变化情况。

3. 创建线

"创建线"功能，可以在场景中进行新的曲线绘制操作，操作完成后，创建的新曲线会与当前编辑的对象组合。

① 单击"选择"卷展栏中的"顶点"按钮 ，激活"顶点"编辑状态。

② 单击"创建线"按钮，在顶视图中从左到右创建一条线，右击结束创建，如图 2-69 所示。

③ 关闭"创建线"按钮。

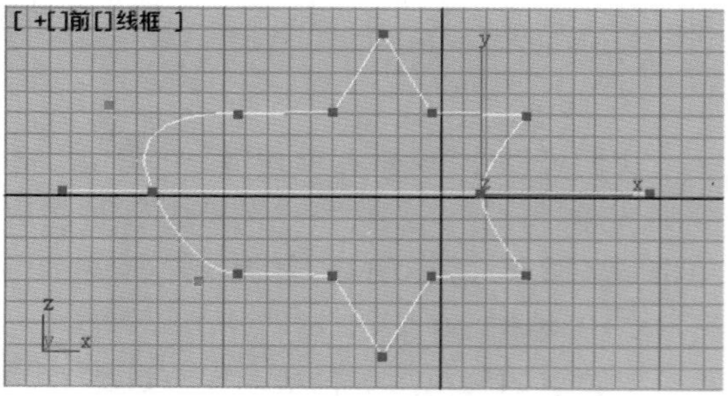

4. 创建点

通过"优化"命令，可以在样条线上添加新顶点，而不更改样条线的曲率值。

① 单击"选择"卷展栏中的"顶点"按钮 ，激活"顶点"编辑状态。

图 2-69　创建线

② 单击"优化"按钮，在样条线上单击，则在相应的位置添加了一个新顶点。

5. 打断节点

打断功能可以在某个节点处将样条曲线断开。此时选定节点处生成了两个互相重叠的节点，使用命令可以将它们移开。

① 单击"选择"卷展栏中的"顶点"按钮 ，激活"顶点"编辑状态。

② 选择星形上面的节点，单击"打断"按钮，则星形从该点断开。

③ 利用移动工具，将两个互相重叠的节点分开，如图 2-70 所示。

6. 连接节点

连接功能能在不封闭的样条曲线中节点与节点之间创建一条连线而相连。

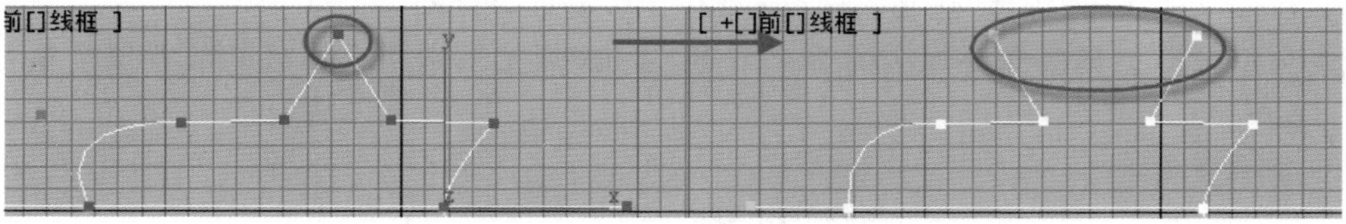

图 2-70 节点的断开

① 单击“选择”卷展栏中的“顶点”按钮，激活“顶点”编辑状态。

② 单击“连接”按钮，在顶视图中从右边端点到上面端点创建一条线，右击结束创建，如图 2-71 所示。

③ 关闭“连接”按钮。

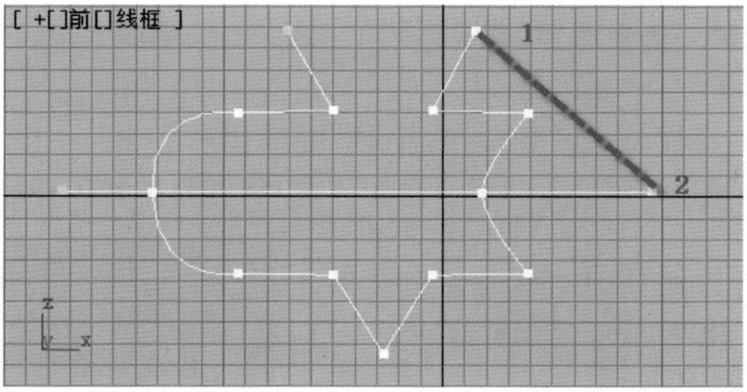

图 2-71 连接节点

7. 插入节点

插入功能可以在视图中样条曲线的任意位置插入一个贝济埃角类型的节点。

① 单击“选择”卷展栏中的“顶点”按钮，激活“顶点”编辑状态。

② 单击“插入”按钮，在顶视图中的线上任意位置，单击即可创建新节点。

③ 在曲线上反复单击，可插入多个节点，右击结束插入操作。

④ 关闭“插入”按钮。

8. 焊接节点

焊接功能可将处于焊接阈值内的两端点或同一样条曲线上的中间节点合并成一个节点。

① 单击“选择”卷展栏中的“顶点”按钮，激活“顶点”编辑状态。

② 利用移动工具移动节点，如图 2-72 所示。

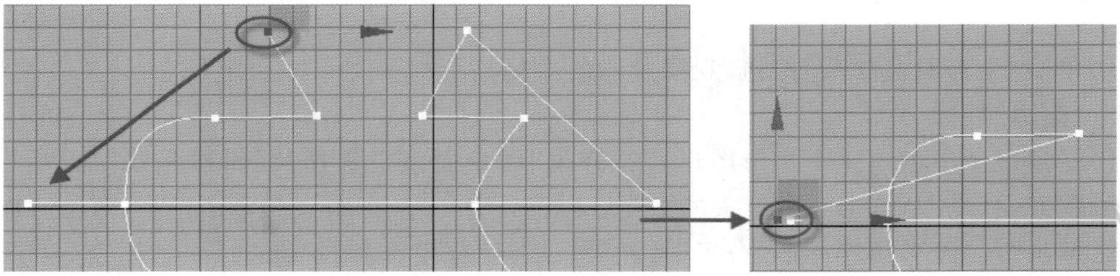

图 2-72 移动节点

③ 在修改面板中"焊接"按钮右边的微调框中,设置焊接阈值为8。

④ 利用选择工具选择要焊接的2个节点,单击"焊接",则两个靠近的节点焊接在一起成为一个节点。

9.删除节点

利用删除功能,可以删除不要的和多余的节点。

① 单击"选择"卷展栏中的"顶点"按钮 ，激活"顶点"编辑状态。

② 利用选择工具,选择任意一个节点,单击"删除"按钮。

10.圆角

利用圆角功能,可以将顶点调整为圆角效果。

① 单击"选择"卷展栏中的"顶点"按钮 ，激活"顶点"编辑状态。

② 利用选择工具,选择任意一个节点,单击"圆角"按钮。

③ 将鼠标移动到需要创建圆角的节点,按下鼠标,拖曳鼠标。

④ 得到合适的圆角后,释放鼠标。

⑤ 利用选择工具,选择另一个节点,单击"圆角"按钮。

⑥ 利用鼠标设置"圆角"按钮旁边文本框中的值,观察圆角变化,如图2-73所示。

11.切角

利用圆角功能,可以将顶点调整为切角效果。操作与圆角方法相同,效果如图2-73所示。

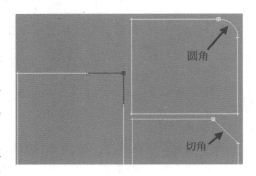

图 2-73　圆角和切角

(二) 编辑"分段"

单击"选择"卷展栏中的"分段"按钮 ，即可编辑分段。这里的分段是指图形两个节点之间的线段。

对二维图形中线段的编辑包括：删除线段、将某个线段平均分成多个线段、将某个线段从二维图形中分离出来等操作、将多个图形对象合并在一起等。

1."隐藏"与"取消隐藏"线段

① 在顶视图中创建一个星形图形,在"修改"命令面板中选择"编辑样条线"命令,进入修改参数面板。

② 单击"选择"卷展栏中的"分段"按钮 ，激活"分段"编辑状态。

③ 利用选择工具,选择任意一个分段或按住Ctrl键点选多个分段,单击"隐藏"按钮,观察分段的变化。

④ 单击"全部取消隐藏"按钮,观察分段的变化。

2."删除"线段

① 在顶视图中创建一个矩形图形,在"修改"命令面板中选择"编辑样条线"命令,进入修改参数面板。

② 单击"选择"卷展栏中的"分段"按钮 ，激活"分段"编辑状态。

③ 利用选择工具,选择任意一个分段或按住Ctrl键点选多个分段,单击"删除"按钮,如图2-74所示,观察分段的变化。

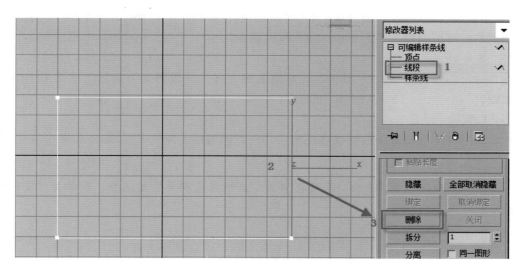

图 2-74　删除线段

删除线段时，可以在选中线段后，直接按 Delete 键进行删除。

3. 拆分

"拆分"功能，可以将选中的线段进行等分。

① 在顶视图中创建一个圆形图形，在"修改"命令面板中选择"编辑样条线"命令。进入修改参数面板。

② 单击"选择"卷展栏中的"分段"按钮 ，激活"分段"编辑状态。

③ 利用选择工具，选择任意一个分段，在"拆分"按钮旁边的文本框中输入3，效果如图 2-75，观察分段的变化。

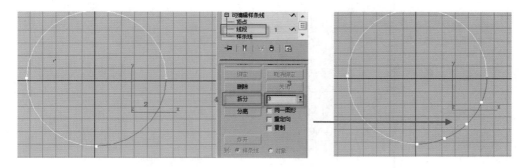

图 2-75　拆分线段

（三）编辑"样条线"

在"编辑样条线"命令面板中，单击"样条线"按钮 ，即可进入"样条线"编辑状态，在该状态下，可以进行如下操作。

（1）附加

将场景中的另一个样条线附加到所选样条线。单击要附加到当前选定的样条线对象的对象。要附加到的对象也必须是样条线。

"附加多个",可以显示"附加多个"对话框,该框包含场景中的所有其他形状的列表。选择要附加到当前可编辑样条线的形状,然后单击"确定"。

（2）炸开组

该命令可将所选样条曲线"炸开",使样条曲线的每一线段都变为当前二维图形中的一条样条曲线。

（3）反转

该命令可将所选的样条曲线首尾反向。对不封闭的样条曲线来说,起点和终点将互换。

　　　　如果选中"选择"卷展栏中的"显示顶点编号"复选框,再单击"反转"按钮,很容易看出它的作用。

（4）关闭

选择一条不封闭的样条曲线,单击此按钮,即可从样条曲线的起点到终点画一条线,将样条曲线封闭。此命令只适用于开放的曲线。

（5）轮廓

该命令可以产生封闭样条曲线的同心副本。

① 在顶视图中创建一个圆形图形,在"修改"命令面板中选择"编辑样条线"命令,进入修改参数面板。

② 单击"选择"卷展栏中的"样条线"按钮 ，激活"样条线"编辑状态。

③ 利用选择工具选择样条线,在修改面板中单击"轮廓"按钮。

④ 用鼠标指向视图中的样条曲线,光标变为十字轮廓状,按住鼠标左键上下拖动,将产生样条曲线的同中心副本,如图2-76所示。（也可以在"轮廓"按钮旁的文本框中直接输入数值来创建轮廓线。）

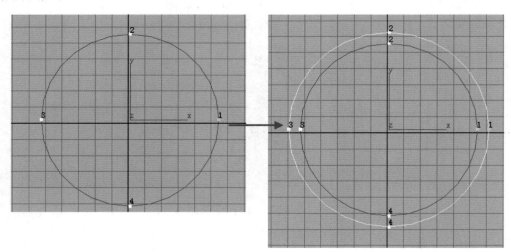

图 2-76　生成轮廓线

　　　　对于非封闭样条曲线而言,"轮廓"命令将产生样条曲线的、封闭的"双线版本"图形。

（6）镜像

该命令与主工具栏中的"镜像"按钮类似，此处不再赘述。

（四）二维布尔对象

布尔运算是一种逻辑数学计算方法，通常用于处理两个模型相交的情形。执行布尔操作的前提是两个闭合多边形互相交叉。布尔效果如图 2-77 所示。

（1）并集

将两个重叠样条线组合成一个样条线，在该样条线中，重叠的部分被删除，保留两个样条线不重叠的部分，构成一个样条线。

（2）差集

从第一个样条线中减去与第二个样条线重叠的部分，并删除第二个样条线中剩余的部分。

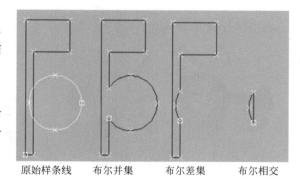

原始样条线　　布尔并集　　布尔差集　　布尔相交

图 2-77　布尔效果图

（3）相交

仅保留两个样条线的重叠部分，删除两者的不重叠部分。

① 选择"创建"面板中的"图形"，在"物体类型"卷展栏中单击"开始新图形"复选框，取消默认的选中状态。

② 在顶视图中，创建一个圆形和一个矩形，位置效果如图 2-78 所示。

③ 在"修改"命令面板中选择"编辑样条线"命令。进入修改参数面板。

④ 单击"选择"卷展栏中的"样条线"按钮 ，激活"样条线"编辑状态。

⑤ 选择"圆形"样条线，单击按钮 布尔 旁边的选项"并集"按钮 ，单击"布尔"，在顶视图中单击"矩形"样条线。布尔结果如图 2-79 所示。

⑥ 尝试布尔相交和布尔差集。

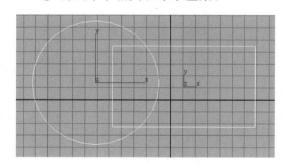

图 2-78　布尔原始样条线

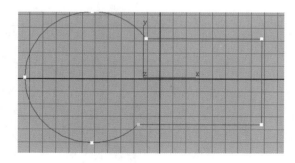

图 2-79　布尔并集

第二节　二维曲线到三维模型

通过"挤出"、"车削"、"倒角"、"晶格"等修改器可以经二维平面图形转化为三维模型，从而创建出比基本模型更为复杂的模型。

一、挤出

挤出命令是为二维图形增加厚度来创建三维模型，厚度可以随意设置，如图2-80所示。

进入修改面板，单击"编辑修改器列表"，在弹出列表中选择"挤出"，即可应用"挤出"修改器，如图2-81所示。

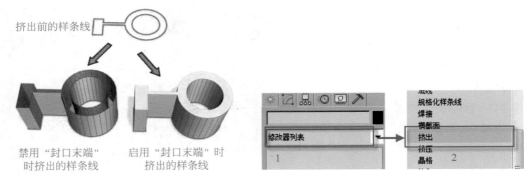

图2-80 挤出   图2-81 添加"挤出"修改器

案例 项链模型

【案例分析】

通过本案例熟练应用二维图形的绘制，掌握"编辑样条线"和"挤出"修改器的使用和参数调整，效果如图2-82所示。

【制作步骤】

① 利用二维图形工具，在前视图中创建一个矩形、圆形和星形，并利用旋转、对齐和移动工具将图形放置，如图2-83所示。

图2-82 项链

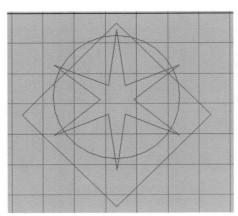

图2-83 创建图形

② 选择"矩形"，添加"编辑样条线"修改器。

③ 在"编辑样条线"参数面板中选择"附加"，将圆形和星形附加到矩形中。

④ 单击"样条线"按钮 ⌃，进入次对象，选择矩形样条线。

⑤ 选择"差集"按钮 ◉，单击"布尔"，选择"圆形"样条线，效果如图2-84所示。

⑥ 选择"星形"样条线,选择"差集"按钮 ⊘,单击"布尔",选择另外 2 条样条线,效果如图 2-85 所示。

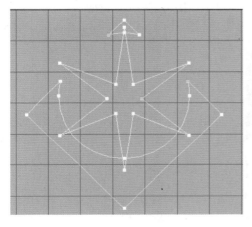

图 2-84 布尔"差集"

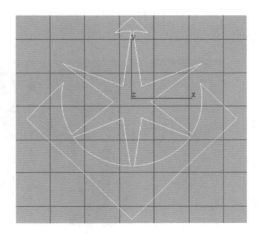

图 2-85 布尔运算结果

⑦ 单击"样条线"按钮 ╱,推出次对象选择。
⑧ 单击"编辑修改器列表",在弹出列表中选择"挤出"。
⑨ 在参数面板中,设置"数量"为 3,项链坠模型完成。
⑩ 利用"线"绘制项链。

二、车削

"车削"修改器是通过二维图形围绕指定的中心轴进行旋转,生成三维对象,如图 2-86 所示。它的原理类似制作陶瓷,我们通常利用它来制作花瓶、高脚杯、酒坛等造型。

进入"修改"面板,单击"编辑修改器列表",在弹出列表中选择"车削",即可应用"车削"修改器,如图 2-87 所示。

图 2-86 车削

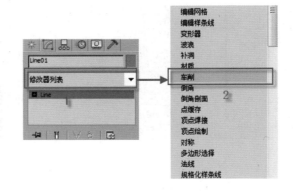

图 2-87 "车削"修改器

案例 台灯模型

【案例分析】

通过本案例灵活应用二维图形的绘制所需轮廓图,掌握"编辑样条线"和"车削"修改器的使用和参数调整,效果如图 2-88 所示。

【制作步骤】

① 在前视图中,利用"图形"创建面板中的"线",创建如图 2-89 所示轮廓线。

图 2-88 利用"车削"修改器建模效果

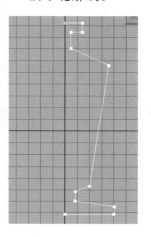

图 2-89 台灯轮廓线

② 在修改器列表中选择 Line 的顶点级别后,选择"圆角"分别在 1、2、3、4 点处进行圆角处理,如图 2-90 所示。

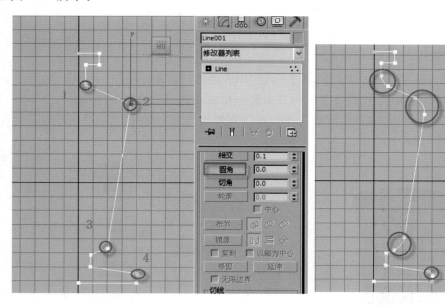

图 2-90 圆角处理

③ 在"编辑修改器列表"中,选择"车削",打开"车削"参数修改面板,参数设置如图 2-91 所示。注意选择焊接内核,方向为 Y 轴,对齐方式选择最小。

④ 同理制作灯罩,用直线工具绘出线段,调整顶点后,如图 2-92(a)所示。

⑤ 同理添加"车削"修改器,单击"车削"前"＋"号选择轴,在前视图中移动轴心位置到灯座的中心,如图 2-92(b)所示。

⑥ 完成台灯的模型制作,如图 2-93 所示。

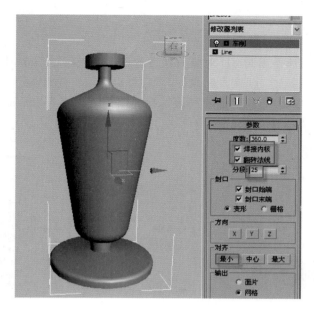

图 2-91　车削参数设置

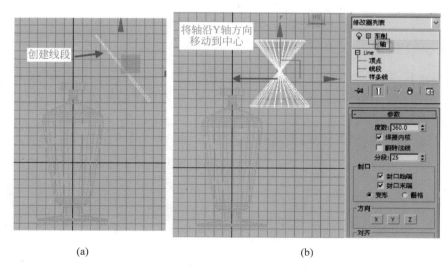

(a)　　　　　　　　　　　　　　　　　(b)

图 2-92　灯罩

图 2-93　台灯模型

三、倒角

　　"倒角"修改器将图形挤出为 3D 对象并在边缘应用平或圆的倒角,如图 2-94 所示。此修改器的一个常规用法是创建 3D 文本和徽标,而且可以应用于任意图形。

　　进入"修改"面板,单击"编辑修改器列表",在弹出列表中选择"倒角",即可应用"倒角"修改器,如图 2-95 所示。

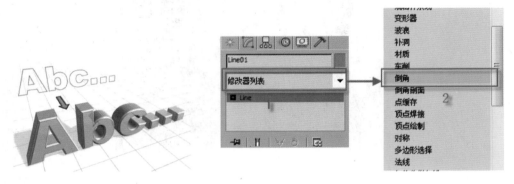

图 2-94　使用"倒角"修改器效果　　　　　　　　图 2-95　"倒角"修改器

案例　**文字模型**

【案例分析】

　　通过案例掌握"倒角"修改器的使用和参数调整,效果如图 2-96 所示。

【制作步骤】

　　① 在前视图中,利用"图形"创建面板中的"圆"。创建大、中、小三个圆,如图 2-97 所示。

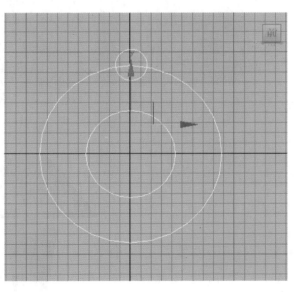

图 2-96　倒角齿轮　　　　　　　　　　　　图 2-97　创建圆

② 为了将小圆的坐标中心移到大圆和中圆的坐标中心上,首先选择小圆后,在坐标下拉式窗口中选择"拾取"后再点选中圆,如图 2-98 所示,启用"使用变换坐标中心",如图 2-99 所示。

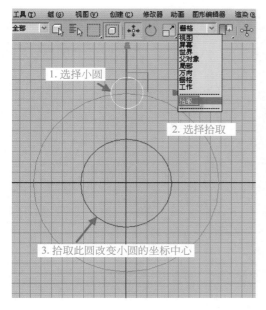

图 2-98　拾取中圆

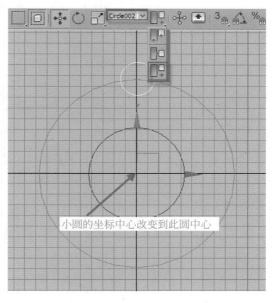

图 2-99　启用"使用变换坐标中心"

③ 选择菜单栏"工具"打开"阵列"面板设置参数,如图 2-100 所示。

小圆围绕大圆的坐标中心阵列出 12 个小圆,如图 2-101 所示。

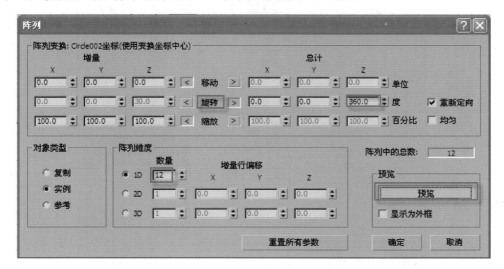

图 2-100　阵列参数设置

④ 选中其中一个小圆,右击打开快捷菜单,在"转换为"下单击"转换为可编辑样条线",如图 2-102 所示。

⑤ 单击"可编辑样条线"下的"附加多个"附加所有的圆,如图 2-103 所示。

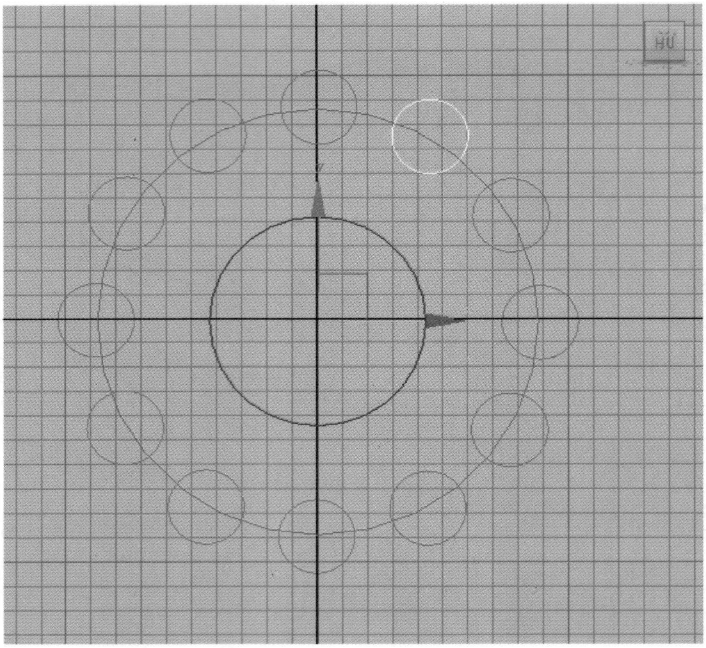

图 2-101　阵列结果

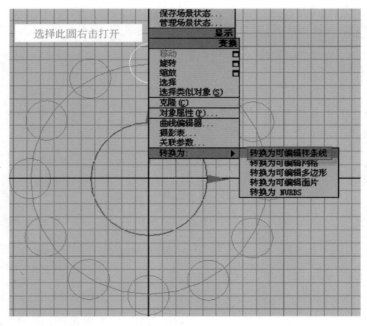

图 2-102　圆转换为可编辑样条线

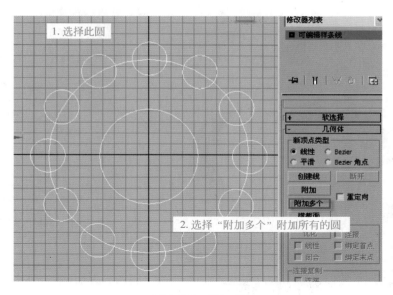

图 2-103　附加圆

⑥ 打开"可编辑样条线"下"样条线"级别，选择大圆后找到"布尔"下的"差集"，单击"布尔"按钮后依次单击小圆进行布尔运算，如图 2-104 所示。

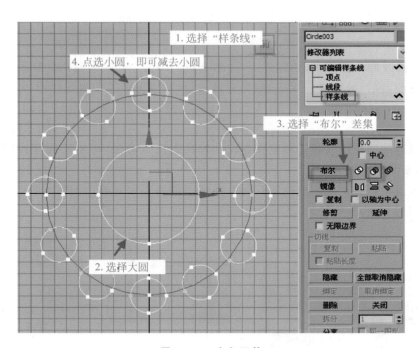

图 2-104　布尔运算

⑦ 取消此层级的选择，在修改列表中添加"倒角"修改器，参数设置如图 2-105 所示，完成齿轮的模型创建。

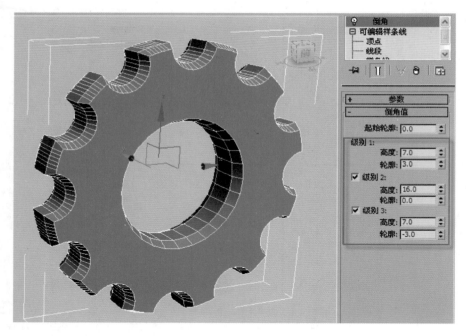

图 2-105 添加"倒角"

第三节 常用修改器

3ds Max 修改器种类繁多,功能强大,在本节我们将再学到一些常用的修改工具。大家掌握这些常用修改器后,可以举一反三,触类旁通,逐步掌握更多的编辑修改器。

一、弯曲

"弯曲"修改器的作用就是让对象在指定的轴向上发生弯曲,弯曲的程度和部位都能够由参数设定,如图 2-106 所示。

进入修改面板,单击"编辑修改器列表",在弹出的列表中选择"弯曲",即可应用"弯曲"修改器,如图 2-107 所示。

图 2-106 弯曲对象

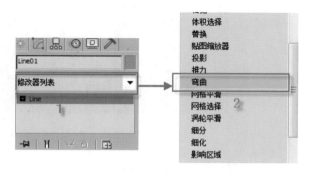

图 2-107 "弯曲"修改器

案例 弯曲的圆柱体

【案例分析】

通过本案例熟练创建"圆柱体"模型,掌握"弯曲"修改器的使用和参数调整,效果如图 2-108 所示。

【制作步骤】

① 在透视图中利用"几何体"创建面板中的"圆柱体",创建一个半径为 5,高度为 70 的圆柱体,其他参数保持不变。

② 选中圆柱体,在"修改器列表"中选择"弯曲",在参数面板中设置角度为 180。

③ 在修改器堆栈中单击"圆柱体",切换回圆柱体修改面板,见图 2-109(a),在参数面板中修改圆柱体"高度分段"为 30 如图 2-109(b)所示,最终效果如图 2-109(c)所示。

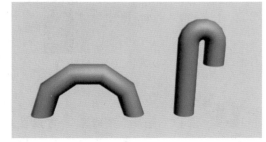

图 2-108 弯曲

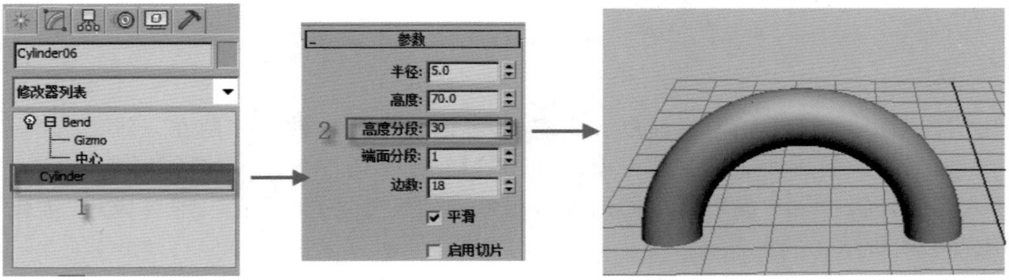

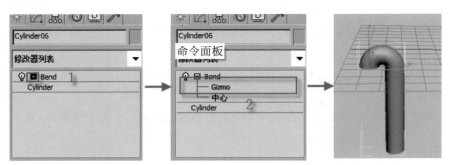

(a)   (b)   (c)

图 2-109 应用"弯曲"

④ 在修改器堆栈中单击"弯曲",切换回弯曲修改器面板,在"限制"组中勾选"限制效果",在"上限"文本框中输入 20。

⑤ 在修改器堆栈中单击"弯曲"命令左边的"＋"号,打开子对象列表,单击 Gizmo 子对象,如图 2-110 所示。

图 2-110 展开 Gizmo

⑥ "选择并移动"工具 ，将圆柱体 Gizmo 的轴沿 Z 轴向上移动,如图 2-111 所示。

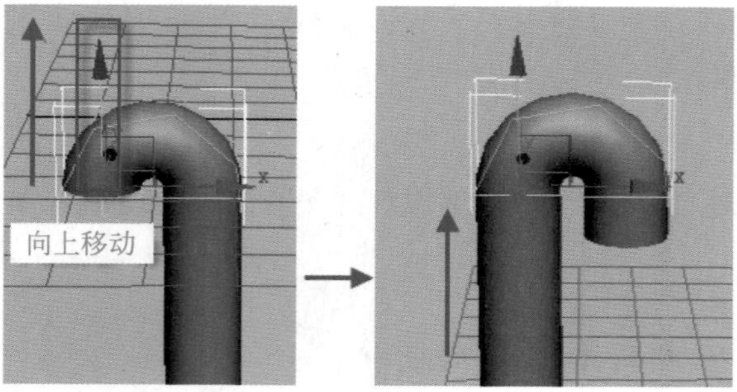

图 2-111　调整 Gizmo

小技巧

　　"Gizmo"子对象：可以在此子对象层级上与其他对象一样对 Gizmo 进行变换并设置动画，也可以改变弯曲修改器的效果。转换 Gizmo 将以相等的距离转换它的中心。根据中心转动和缩放 Gizmo。

　　中心子对象：可以在子对象层级上平移中心并对其设置动画，改变弯曲 Gizmo 的图形，并由此改变弯曲对象的图形。

二、锥化

　　锥化是将物体沿某个轴向逐渐放大或缩小，可以将锥化的效果控制在三维图形的一定区域之内。效果为一端放大而另一端缩小，如图 2-112 所示。

　　进入修改面板，单击"编辑修改器列表"，在弹出列表中选择"锥化"，即可应用"锥化"修改器，如图 2-113 所示。

图 2-112　锥化应用

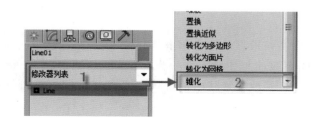

图 2-113　"锥化"修改器

案例　锥化长方体

【案例分析】

　　通过本案例熟练创建"长方体"模型，掌握"锥化"修改器的使用和参数调整，效果如图 2-114 所示。

【制作步骤】

　　① 在透视图中，利用"几何体"创建面板中的"长方体"，创建一个长方体，参数设置：长＝56；宽＝50；高＝45；长度分段＝10；宽度分段＝10；高度分段＝10。

　　② 选中长方体，在"修改器列表"中选择"锥化"，在参数面板中设置数量＝－1.5；曲线＝0.71；锥化轴主轴＝Y；锥化轴效果＝XZ；勾选"限制效果"；上限＝9.8；下限＝－12。效果

如图 2-115 所示。

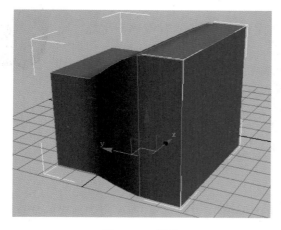

图 2-114　锥化　　　　　　　　图 2-115　锥化参数设置

三、噪波

"噪波"修改器可以在不破坏对象表面的情况下，使对象的表面突起、破裂和扭曲，常用来制作水面、山峰等模型，如图 2-116 所示。

进入修改面板，单击"编辑修改器列表"，在弹出列表中选择"噪波"，即可应用"噪波"修改器，如图 2-117 所示。

图 2-116　噪波效果

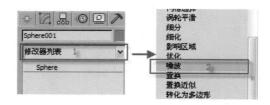

图 2-117　"噪波"修改器

【案例】 **石头模型**

【案例分析】

通过本案例熟练创建"球体"模型，掌握"噪波"修改器的使用和参数调整，效果如

图 2-118 所示。

图2-118　石头模型

【制作步骤】

① 在透视图中,利用"几何体"创建面板中的"球体",创建一个球体,参数设置:半径=30;分段=60。

② 选择"球体"模型,单击"编辑修改器列表",在弹出列表中选择"噪波"。参数设置:种子=14;比例=180;复选"分形";迭代次数=5.68;X=—38.964;Y=140.193;Z=14.271。

第四节　复合物体建模

很多结构复杂的模型无法通过简单的实体建模方式实现,需要用到高级的复合建模方法。复合建模是将两个或多个对象组合成新的单个对象,是 3ds Max 中重要的建模方法之一。在"创建"面板中单击"标准基本体",打开下拉列表,在列表中选择"复合对象",打开复合对象的创建面板,如图 2-119 所示。

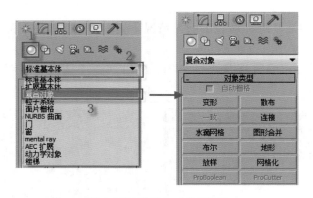

图 2-119　"复合对象"面板

注意提示　"复合对象"命令是针对场景中已经存在的物体来进行各种操作和变换的。当场景中没有创建任何物体时,"物体类型"卷展栏中的多数命令按钮是无法被激活的。

下面我们介绍几个常用的复合建模工具。

一、散布

散布命令主要用来将源对象散布到目标对象的表面。通常使用结构简单的物体作为源对象,通过"散布"命令,用各种方式将它覆盖到目标对象的表面上,产生大量的复制品。通过它可以制作头发、胡须、草地等,如图 2-120 所示。

案例　**藤蔓模型**

【案例分析】

通过本案例掌握散布复合建模的方法和常用参数的调整,灵活应用二维图形的绘制,熟练应用"挤出"修改器、"编辑多边形"修改器和"弯曲"修改器的使用,效果如图 2-121 所示。

【制作步骤】

① 在透视图中,利用几何体中的"圆柱体"和"弯曲"修改器制作,如图 2-122(a)。

图 2-120　散布效果

图 2-121　藤蔓效果

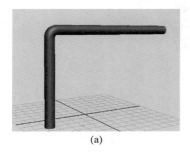

(a)

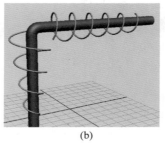

(b)

(c)

图 2-122　藤蔓基本模型

② 利用二维图形"螺旋线"和"圆"进行"放样"得到"茎"模型,如图 2-122(b)所示。

③ 利用二维图形"线"和"挤出"修改器制作"叶子"模型,如图 2-122(c)所示。

④ 选择"叶子"模型,在"复合对象"面板中,单击"散布"。在"拾取分布对象"卷展栏中单击"拾取分布对象"按钮,单击"茎"效果,如图 2-123 所示。

⑤ 在参数面板中,打开"显示"卷展栏,设置"显示"＝50％;在"散布对象"卷展栏,设置"重复数"＝200,效果如图 2-124 所示。

图 2-123　拾取分布对象

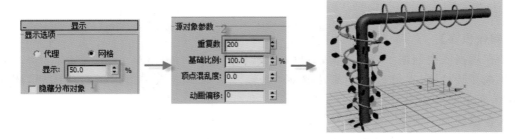

图 2-124　修改参数

⑥ 最后以相同方法设置另一条藤蔓效果。

二、连接

连接命令用来将两个表面破损的三维模型连接并生成封闭的表面,使它们结合成一个三维模型。如果要将两个表面完整的三维模型连接，则可以先用"编辑多边形"修改器删除它们的部分表面，再做"连接"，效果如图 2-125 所示。

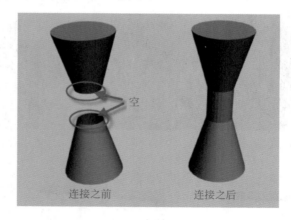

图 2-125　连接

案例 **简单连接**

【案例分析】

通过本案例掌握"连接"复合对象的使用，熟悉建模步骤效果，如图 2-126 所示。

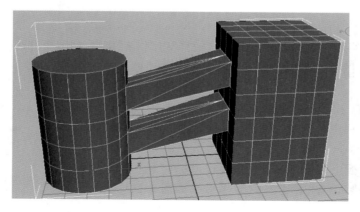

图 2-126　应用连接

【制作步骤】

① 在透视图中创建一个圆柱体，参数采用默认值。

② 选择圆柱体，在修改器列表中选择"编辑多边形"，进入多边形子对象编辑，删除如图 2-127 所示的面。

③ 在透视图中创建一个长方体，参数设置：长度分段＝4，宽度分段＝5，高度分段＝6。

④ 选择长方体，在修改器列表中选择"编辑多边形"，进入多边形子对象编辑，删除如图 2-128 所示的面。

⑤ 选择圆柱体，在"复合对象"面板中，单击"连接"。在"拾取操作对象"卷展栏中单击"拾取操作对象"按钮，单击"长方体"。

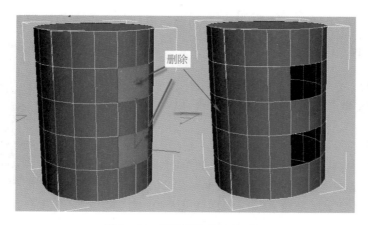

图 2-127　删除圆柱体多边形面

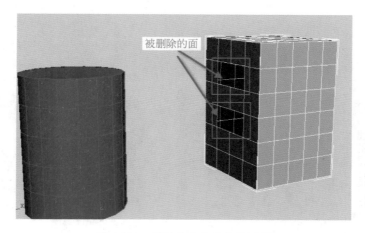

图 2-128　删除长方体的多边形面

三、布尔运算

布尔运算命令与二维图形中的布尔原理一致,都是针对两个以上对象的重叠部分做处理,通过并集、差集、交集的运算,得到新的物体形态。布尔运算是建模时常用的一种方法。通过使用基本几何体,可以快速、容易地创建任何有机体对象。布尔运算效果,如图 2-129 所示。

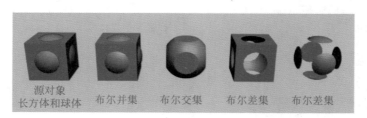

图 2-129　布尔效果

并集:布尔对象包含两个原始对象的体积,将移除几何体的相交部分或重叠部分。
差集:布尔对象包含从中减去相交体积的原始对象的体积。

交集：布尔对象只包含两个原始对象共用的体积，也就是说只包括重叠位置。

案例 骰子模型

【案例分析】

通过本案例掌握布尔操作的原理和应用，以及多个
布尔对象的操作方法，效果如图 2-130 所示。

图 2-130   骰子模型

【制作步骤】

① 在透视图中，利用"扩展基本体"中的"切角长方
体"创建烟灰缸的基本模型，参数设置：长度＝100.0；宽
度＝100.0；高度＝100.0；圆角＝2.5；长度分段＝20；宽
度分段＝20；圆角分段＝20，如图 2-131(a)所示。

② 在前视图中，利用"标准基本体"中的"球体"创建数个球体，作为布尔对象，半径＝5，如
图 2-131(b)所示。

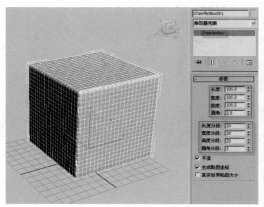

(a) 创建立方体

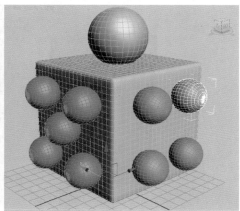

(b) 创建球体

图 2-131   创建立方体和球体

③ 选择其中一个小球，单击打开快捷菜单，选中"转换为可编辑网格"，如图 2-132(a)所示。

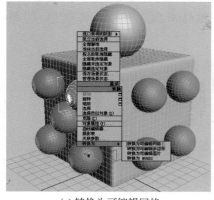

(a) 转换为可编辑网格

(b) 附加球体

图 2-132   将小球附加为一个物体

④ 在修改器中选择"附加列表",在弹出的附加列表的窗口中选择所有的球体,将所有球体附加成为一个物体,如图2-132(b)所示。

⑤ 选择工具箱中创建下的几何体,选择下拉菜单下"复合对象"面板下的按钮 **布尔** ,如图2-133所示。

⑥ 选择第一个切角长方体,在"复合对象"面板中,单击"布尔"按钮。在"参数"卷展栏中选择"差集(A-B)",在"拾取布尔"卷展栏中单击"拾取操作对象B"按钮,再单击已经附加在一体的球体,效果如图2-134所示。

图2-133 选择"布尔"按钮

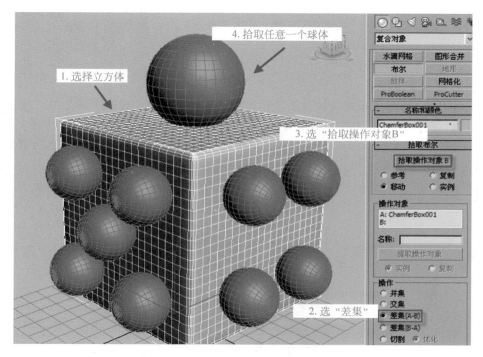

图2-134 布尔选择

⑦ 布尔运算完成,如图2-135所示。

小技巧

布尔操作用于处理两个操作对象,即操作对象A和操作对象B。 如果要从选择为操作对象A的对象中连接或减去多个对象,就必须在每次选择完操作对象B之后单击"布尔"按钮。 如果不这样做,而只是简单地单击"拾取操作对象B"按钮,然后拾取下一个对象,之前的操作就会被取消,并且前一个操作对象B会消失。

在将多个对象连接到一个对象或从一个对象减去多个对象时,最有效的方法是,在尝试执行"布尔"操作之前先附加所有对象。

图 2-135　布尔"差集（A-B）"

四、放样

（一）放样基本原理

放样是创建 3D 对象最重要的方法之一。放样建模利用两个或两个以上的二维图形来创建三维模型。利用放样可以创建作为路径的图形对象以及任意数量的横截面图形，该路径可以成为一个框架，用于保留形成放样对象的横截面。利用放样工具，可以制作更为复杂的三维模型，如复杂雕塑、踢脚线、欧式立柱、窗帘、牙膏牙刷等模型。

"放样建模"的原理是沿一条指定的路径排列截面形，从而形成对象的表面，如图 2-136 所示。

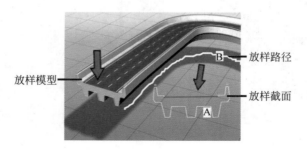

放样模型　　　B　放样路径
　　　　　　　A　放样截面

图 2-136　放样示意图

（二）放样建模的基本步骤

① 创建二维图形，即放样对象的"截面图形"和"路径图形"。

② 选择"截面图形"或"路径图形"，在"复合对象"创建面板的"对象类型"卷展栏中单击"放样"命令按钮。

③ 在"创建方法"方法卷展栏中单击"获取图形"按钮，然后在视图中拾取"截面图形"或"路径图形"。

注意提示　　如果先选择作为放样路径的图形，则在创建方法卷展栏中单击"获取图形"按钮；如果先选取作为截面图形的样条曲线，则在创建方法卷展栏中单击"获取路径"按钮。两种没有本质区别，放样后的模型对象完全一样，只是放样后模型的位置和方向不同。

（三）放样建模的基本条件

① 放样的截面图形和放样路径必须都是二维图形。

② 对于截面图形，可以是一个，也可以是任意多个。

③ 放样路径只能有一条。

④ 截面图形可以是开放的图形，也可以是封闭的图形。

（四）单截面图形放样

案例 创建复杂管道

【案例分析】

通过本案例掌握放样建模的基本步骤和制作方法，能够根据最终模型对象，灵活绘制放样对象的截面图形和放样路径，掌握放样模型的修改，效果如图 2-137 所示。

【制作步骤】

① 利用"图形"创建面板中的"线"创建如图 2-138 所示的放样路径图形，利用"圆环"创建放样截面图形。

② 选择放样路径"线"，在"复合对象"创建面板的"对象类型"卷展栏中单击"放样"命令按钮。

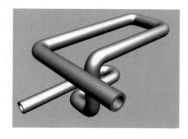

图 2-137　放样应用

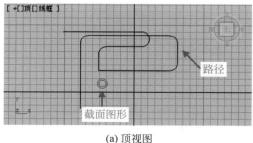

(a) 顶视图

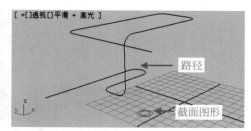

(b) 透视图

图 2-138　创建路径及截面图形

③ 在"创建方法"方法卷展栏中单击"获取图形"按钮，然后在视图中拾取"截面图形"，放样模型创建完成。

④ 选则"截面图形"圆环，在"修改面板"中，修改圆环的半径，观察放样对象的变化。

⑤ 利用移动工具，选择并移动放样对象，将之与放样路径分开，选择放样路径，在"修改面板"中，进入"点"编辑工具中，移动任意点的位置，观察放样对象的变化。

案例 创建相框模型

【案例分析】

通过本案例在掌握放样建模的基本步骤和制作方法基础上进一步掌握放样对象的截面图形和放样路径的选择，掌握放样模型次对象的修改，效果如图 2-139 所示。

【制作步骤】

① 利用"图形"创建面板中的"矩形"创建如图 2-140 所示放样路径图形，利用"线"创建放样截面图形。

图 2-139　放样相框效果

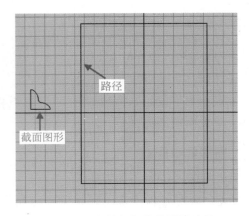

图 2-140　创建相框的截面及路径

② 选择放样路径"矩形",在"复合对象"创建面板的"对象类型"卷展栏中单击"放样"命令按钮。

③ 在"创建方法"卷展栏中单击"获取图形"按钮,然后在视图中拾取"截面图形",放样模型创建完成。

④ 选择放样模型,在修改器堆栈中单击"Loft"命令左边的"＋"号,打开子对象列表,单击"图形"子对象,如图 2-141 所示。

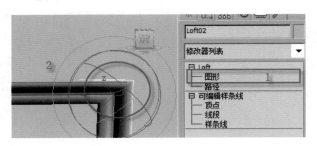

图 2-141　旋转图形

⑤ 在工具栏上选择"选择并旋转"工具 ↺ ,利用旋转工具旋转时放样模型上选择"截面图形",如图 2-141 所示,并旋转,观察放样模型的变化。

⑥ 在工具栏上选择"移动"工具和"缩放"工具,移动和缩放截面图形,观察放样模型的变化。

（五）多截面图形放样

使用一个截面形放样只能创建一些比较简单的三维物体,如果想真正发挥放样建模的巨大功能,必须应用多截面形放样技术和放样变形技术,我们先介绍多截面放样对象。

案例　创建桌布

【案例分析】

通过本案例掌握多截面图形放样建模的基本步骤和制作方法,掌握截面图形的调整方法,效果如图 2-142 所示。

【制作步骤】

① 在顶视图中,利用"图形"创建面板中的"圆"和"星形"创建如图 2-143 所示放样截面图

形。圆形参数设置：半径＝45。星形参数设置：半径 1＝63；半径 2＝46；点＝14；圆角半径 1＝7.0；圆角半径 2＝9.0,如图 2-143 所示。

图 2-142　放样桌布

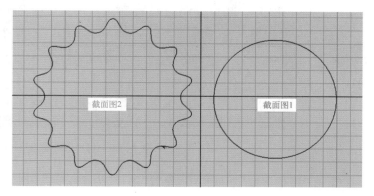

图 2-143　创建截面

② 在前视图中,利用"图形"创建面板中的"线"绘制一条直线作为放样路径图形,路径绘制从上到下垂直方向进行绘制。

③ 选择放样路径"直线",在"复合对象"创建面板的"对象类型"卷展栏中单击"放样"命令按钮。

④ 在"创建方法"卷展栏中单击"获取图形"按钮,然后在视图中拾取第一个截面图形"圆形"。

⑤ 在"路径参数"卷展栏中,设置"路径"为 100,单击"创建方法"卷展栏中单击"获取图形"按钮,在视图中拾取第二个截面图形"星形",参数设置如图 2-144 所示。

图 2-144　选择路径获取图形

案例　另类圆桌

【案例分析】

通过本案例熟练掌握多截面图形放样建模的基本步骤和制作方法,掌握截面图形的调整方法,效果如图 2-145 所示。

【制作步骤】

① 在顶视图中,利用"图形"创建面板中的"圆"、"星形"和"多边形"创建如图 2-146 所示放样截面图形。圆形参数设置：半径＝50。星形参数设置：半径 1＝10；半径 2＝36；点＝14；圆角半径 1＝9.0；圆角半径 2＝6.0,如图 2-146 所示。

② 在前视图中,利用"图形"创建面板中的"线"绘制一条直线作为放样路径图形,路径绘制从下到上垂直方向进行绘制。

③ 选择放样路径"直线",在"复合对象"创建面板的"对象类型"卷展栏中单击"放样"命令按钮。

④ 在"创建方法"方法卷展栏中单击"获取图形"按钮,然后在视图中拾取第一个截面图形"星形"。

图 2-145　另类圆桌

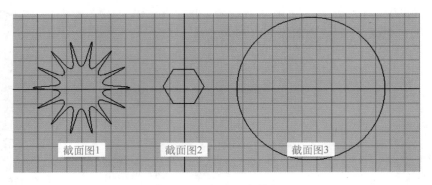

图 2-146   创建三个截面

⑤ 在"路径参数"卷展栏中,设置"路径"为70,单击"创建方法"卷展栏中单击"获取图形"按钮,在视图中拾取第二个截面图形"多边形"。

⑥ 在"路径参数"卷展栏中,设置"路径"为95,单击"创建方法"卷展栏中单击"获取图形"按钮,在视图中拾取第三个截面图形"圆形"。

五、放样中的变形

使用变形曲线命令可以改变放样对象在路径上不同位置的形态。3ds Max 中有 5 种变形曲线,分别为"缩放"、"扭曲"、"倾斜"、"倒角"和"拟合"。所有的编辑都是针对截面图形的。当放样完成以后,如需要对放样对象的形态进行局部修改,可以进入"修改"命令面板,在面板底部有一个"变形"按钮,单击该按钮可以打开"变形"卷展栏,如图 2-147 所示。

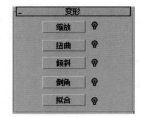

图 2-147   放样中的变形

5 个变形曲线的命令按钮右侧都有一个激活/不激活按钮,用于切换是否应用变形的结果,并且只有该按钮处于激活状态,变形曲线才会影响对象的外形。

(一)缩放

用于对放样截面进行缩放操作,以获得同形状的截面在路径不同位置上大小不同的效果。用户可以使用该种编辑器制作花瓶、圆柱等模型。

案例   创建香蕉模型

【案例分析】

通过本案例掌握放样变形中的缩放功能,重点理解缩放功能的原理,灵活运用缩放变形完成模型的制作,效果如图 2-148 所示。

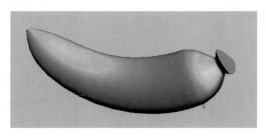

图 2-148   放样变形效果

【制作步骤】

① 在顶视图和前视图上,用 ✳（创建）◌（图形）下的 多边形 和 线 创建三角形和一条直线,如图 2-149 所示。

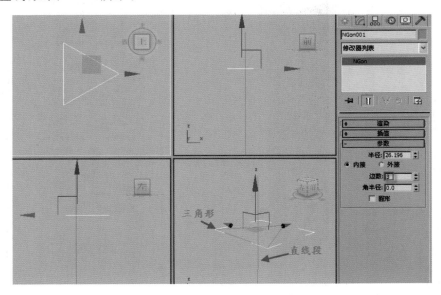

图 2-149　创建截面和路径

② 在三角形上右击打开快捷菜单,将三角形"转换为可编辑的二维曲线",在顶点级别下选中三个顶点,执行"圆角"命令,如图 2-150 所示,在选择点上右击选择不同的贝兹点类型,分别调整三个顶点的控制手柄,效果如图 2-150 所示。

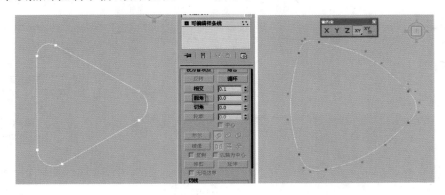

图 2-150　执行圆角及贝兹调整

③ 在创建下拉菜单中选中"复合对象",按下"放样"按钮,首先选取直线,然后单击"获取图形"按钮,再点选已调整好的三角形,完成放样过程,如图 2-151 所示。

④ 之所以选择用直线而不是香蕉的弧线型来放样,主要是为以后的贴图做准备。而且在3ds Max 里面对于路径上的截面图形可以自由放缩比例,这点确实比较方便,单击 ◙（修改）下展开"变形"面板,单击"缩放"按钮打开"缩放变形"面板,利用"插入点"工具 ✛ 在直线上插入若干的控制点,再使用"选择并移动"工具 ✛ 调整点的位置,在点上右击选择"Bezier-平滑"或"Bezier-角点"的节点类型进行调节,调节完成后如图 2-152 所示。

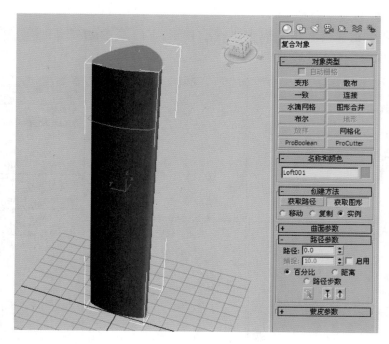

图 2-151　放样

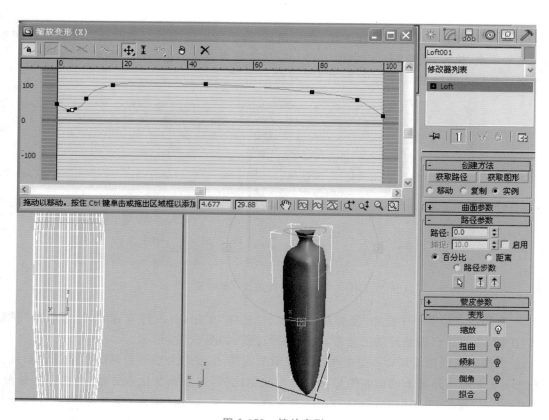

图 2-152　缩放变形

⑤ 最后使用"修改器列表"下的"弯曲"命令调整参数，如图 2-153 所示。

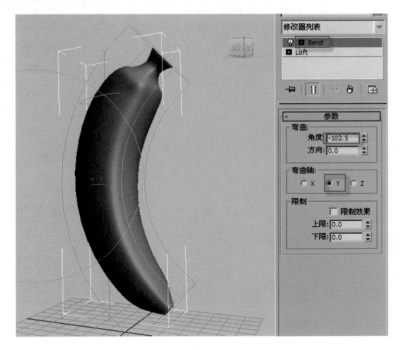

图 2-153　添加"弯曲"

案例 **制作牵牛花模型**

【案例分析】

在一些三维动画片中，常会看到用三维软件模拟的一些花草之类的景物非常逼真，本案例利用放样和放样变形中的缩放功能创建鲜艳娇嫩的牵牛花模型，效果如图 2-154 所示。

图 2-154　牵牛花

【制作步骤】

① 进入创建命令面板，单击"图形"按钮 ⚬ 进入图形创建命令面板，单击 星形 按钮，在顶视图中拖动鼠标新建星形，在"参数"面板下设置"半径 1"为 115，"半径 2"为 105，"点"为 12，"圆角半径 1"为 1，"圆角半径 2"为 1，如图 2-155 所示。

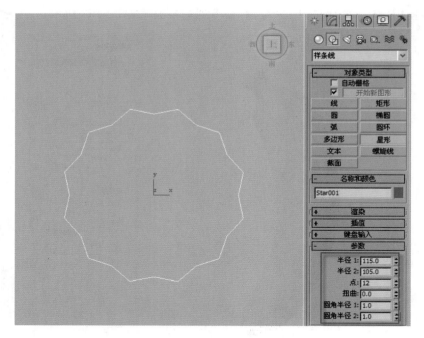

图 2-155　创建星形

② 单击 **线** 按钮,在前视图中新建一条直线,单击"几何体"按钮 ⊙,进入创建几何体下拉菜单,选择"复合对象"面板。首先选择直线,然后单击 **获取图形** 按钮,再点选星形完成放样过程,如图 2-156 所示。

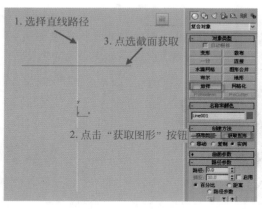

图 2-156　放样

③ 选择放样物体,进入修改命令面板,展开"蒙皮参数"卷展栏,去掉放样物体上下端的封盖,如图 2-157 所示。

④ 单击工具栏中的"材质编辑器"按钮,打开材质编辑器面板,选择一个样本球,展开"明暗器基本参数"卷展栏,选择"双面"复选框,然后单击"将材质指定给选定对象"按钮 ⓢ,将材质指定给放样物体,效果如图 2-158 所示。

⑤ 选择放样物体,进入修改命令面板,展开"变形"卷展栏,单击 **缩放** 按钮,在弹出的面板中按图 2-159 所示修改曲线。

图 2-157　去掉封口

图 2-158　勾选"双面"

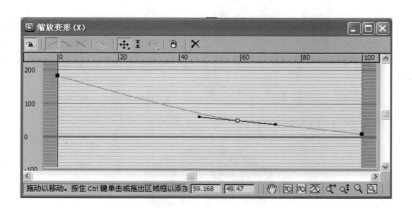

图 2-159　修改曲线

效果如图 2-160 所示。

图 2-160　修改后效果

⑥ 在顶视图中新建一个圆形,然后在前视图中新建如图 2-161 所示的线条。

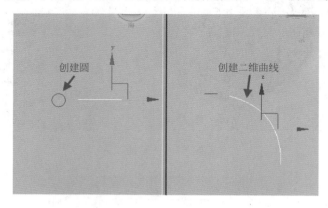

图 2-161　创建二维曲线

⑦ 以圆形为截面,线条为路径进行放样,然后调节缩放曲线到如图 2-162 所示的形状。

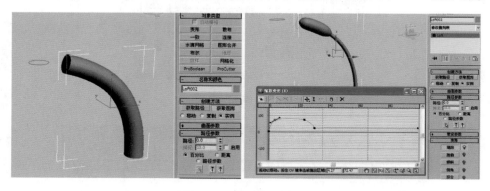

图 2-162　调节缩放曲线

⑧ 将花蕊进行复制并排列,得到如图 2-163 所示的效果。

图 2-163　排列花蕊

⑨ 进入图形创建命令面板，单击 [螺旋线] 按钮，在顶视图中拖动鼠标新建如图 2-164 所示的螺旋线，"半径 1"为 130，"半径 2"为 36，"高度"为 280，"圈数"为 1.5，"偏移"为 0.5。

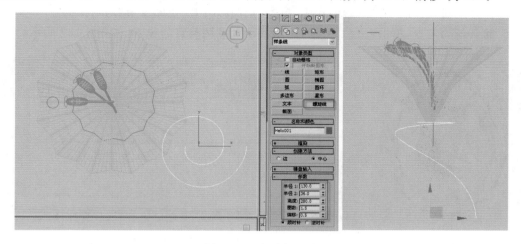

图 2-164　创建螺旋线

⑩ 选择螺旋线，进入修改命令面板，单击"渲染"卷展栏，设置"厚度"为 8，"边"为 12，"角度"为 0，勾选"渲染"，生成贴图坐标，显示渲染网格，效果如图 2-165 所示。

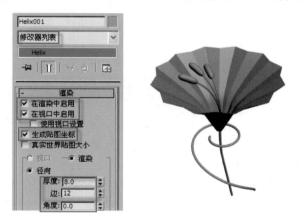

图 2-165　牵牛花效果图

（二）扭曲

编辑器用于沿放样路径所在轴旋转放样截面图形，以形成扭曲。对放样模型进行扭曲可以创建钻头、螺丝等模型。

案例 **特色镜框**

【案例分析】

通过本案例掌握放样变形中的扭曲功能，重点理解扭曲功能的原理，灵活运用扭曲变形完成模型的制作，效果如图 2-166 所示。

【制作步骤】

① 在前视图中，创建放样截面图形"矩形"，长度＝1.5；宽度＝1.5；角半径＝0.4。创建

放样路径"椭圆",长度＝20;宽度＝15。

　　② 利用放样得到初步放样模型。

　　③ 在修改器面板的"变形"卷展栏中,单击"扭曲",打开"扭曲变形"对话框。

　　④ 插入新的角点,单击"移动"按钮,利用移动工具调整点的位置,如图 2-167 所示。

图 2-166　"扭曲"效果应用

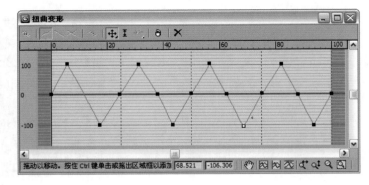

图 2-167　扭曲变形增加控制点

（三）倾斜

　　编辑器用于围绕局部 X 轴和 Y 轴旋转放样模型的截面图形。该命令常用来辅助与路径有偏移的截面图形生成其他方法难以创建的对象。

案例　被撞坏的圆管

【案例分析】

　　通过本案例掌握放样变形中倾斜功能的使用,重点理解倾斜功能的原理,灵活运用倾斜变形完成模型的制作,效果如图 2-168 所示。

【制作步骤】

　　① 在前视图中,创建放样截面图形"圆环",和放样路径"一条直线"。

　　② 利用放样得到放样模型圆柱体。

　　③ 在修改器面板的"变形"卷展栏中单击"倾斜",打开"倾斜变形"对话框。

　　④ 关闭"均衡",选择 Y 轴,插入新的角点,单击"移动"按钮,利用移动工具调整点的位置如图 2-169 所示。

图 2-168　倾斜应用

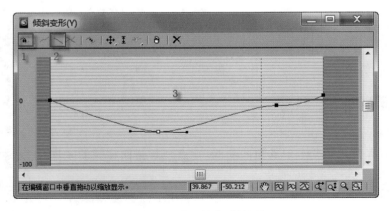

图 2-169　"倾斜变形"调整

（四）倒角

"倒角"变形曲线命令用来为放样对象添加倒角效果,效果同"倒角"修改器。

【案例】 **倒角文字**

【案例分析】

通过本案例掌握放样变形中的倒角功能的使用,重点理解倒角功能的原理,灵活运用倒角变形完成模型的制作,效果如图 2-170 所示。

图 2-170　倒角文字

【制作步骤】

① 在前视图中,创建放样截面图形文字"LOGO",和放样路径一条直线。

② 利用放样得到放样文字。

③ 在修改器面板的"变形"卷展栏中,单击"倒角",打开"倒角变形"对话框。

④ 插入新的节点,单击"移动"按钮,利用移动工具调整点的位置,如图 2-171 所示。

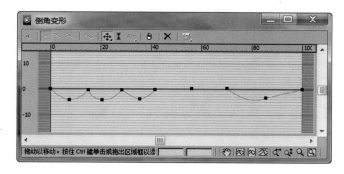

图 2-171　调整"倒角"变形曲线

（五）拟合

"拟合"编辑器用于在路径的 X 轴、Y 轴上进行拟合放样操作,它是放样功能最有效的补充。拟合的原理是通过定义对象在顶视图、前视图和侧视图的轮廓线,来创建出合适的三维对象,如图 2-172 所示。

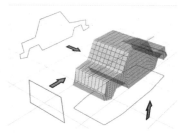

图 2-172　放样拟合示意图

【案例】 **刷子模型**

【案例分析】

通过本案例掌握放样变形中的拟合功能的使用,重点理解拟合功能的原理,灵活运用拟合变形完成模型的制作,效果如图 2-173 所示。

【制作步骤】

① 在前视图中,创建放样 3 个截面图形和一条路径,效果如图 2-174 所示。

② 选择路径,选择"放样",单击"获取图形",单击"截面图形 1",效果如图 2-175 所示。

③ 在修改器面板的"变形"卷展栏中,单击"拟合",打开"拟合变形"对话框。单击"均衡"按钮 ,关闭均衡效果。

图 2-173　放样拟合应用

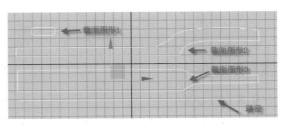

图 2-174　放样拟合截面图

④ 选择"X"按钮 ，单击"获取图形"按钮 ，单击"截面图形 2"，效果如图 2-176(a)所示。

⑤ 选择"Y"按钮 ，单击"获取图形按钮" ，单击"截面图形 3"，效果如图 2-176(b)所示。

⑥ 给放样对象添加"编辑多边形"，选择面如图 2-177所示，将选定面分离出来。

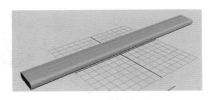

图 2-175　用"截面图 1"放样

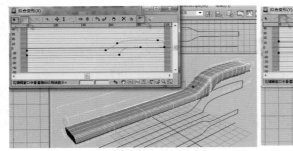

(a) X轴方向拟合

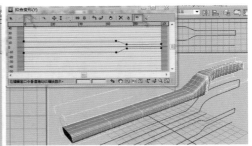

(b) Y轴方向拟合

图 2-176　拟合

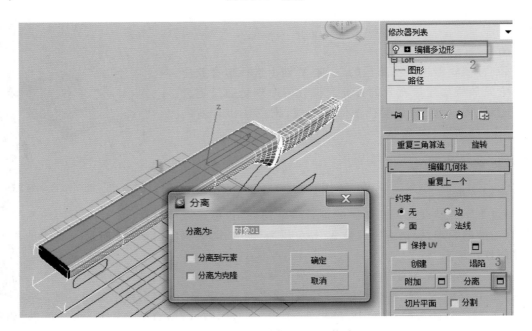

图 2-177　增加"编辑多边形"修改

⑦ 利用"编辑多变形",进入"边"子对象,使用"连接"功能,将该平面调整为如图 2-178 所示效果。

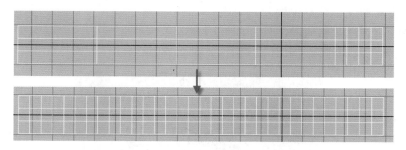

图 2-178　利用"连接"命令增加片段数

⑧ 在透视图中,使用"扩展基本体"中的"胶囊",创建刷子其中的一根。

⑨ 选择"胶囊",在"复合对象"面板中,单击"散布"。在"拾取分布对象"卷展栏中单击"拾取分布对象"按钮,单击分离出来的"面","分布参数"中选择"面的中心"制作完成。

本 章 小 结

无论多么复杂的场景模型都是由基本模型组合或加工而成的,本章是今后学习的基础,只有掌握了扎实的功底,才能轻松畅游 3D 世界。通过本章的学习,要达到以下要求。

- 熟练应用创建面板创建各种三维几何体和各种二维图形。
- 掌握利用编辑多边形制作复制模型。
- 掌握利用编辑样条线绘制复杂二维图形。
- 掌握常用修改器进行模型的修改。

课 堂 实 训

1. 利用标准基本体和移动、旋转等工具完成雪人模型,如图 2-179 所示。

图 2-179　雪人模型

任务：

（1）利用基本几何体完成雪人基本模型。

（2）利用移动和旋转调整位置。

（3）渲染输出为图片格式的文件。

2．利用放样工具制作牙膏和牙刷模型，如图 2-180 所示。

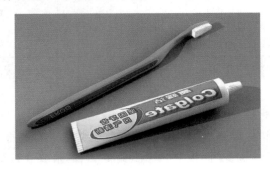

图 2-180　牙具模型

任务：

（1）利用二维图形线绘制放样路径和图形。

（2）利用放样工具进行放样以及放样变形。

（3）渲染输出为图片格式的文件。

3．利用二维图形、挤出、布尔完成夹子的制作，如图 2-181 所示。

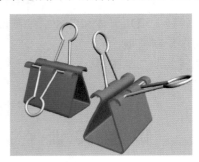

图 2-181　夹子模型

任务：

（1）利用二维图形线绘制夹子截面图形。

（2）利用挤出，将截面图形挤出得到三维模型。

（3）利用基本几何体绘制四个小长方体。

（4）利用布尔将夹子和长方体进行布尔运算。

（5）渲染输出为图片格式的文件。

第三章

材质、灯光、摄像机及环境

通过本章的学习，我们将了解在三维动画设计中，一个好的场景模型只有通过恰当的材质、灯光的设置，才能表现出它的造型美感和环境的气氛。

1. 了解材质的基本概念，掌握材质编辑器常用参数的设置方法。
2. 掌握标准灯光一般参数的设置方法。
3. 掌握摄像机的创建和一般调节方法。
4. 了解雾、火焰的基本参数含义及创建雾、体积光、火焰的方法。

第一节　材质的特性

在三维渲染中，材质是指对真实材料视觉效果的模拟，场景中的三维对象本身不具备任何表面特征，因此也就不会产生与现实材料相一致的视觉效果，为产生与实际材料相同的视觉效果，只有通过材质的模拟来做到，这样在三维设计中的场景、角色才会呈现出某种真实材料的视觉特征，具有材质感。

场景、角色对象的质感的模拟完全由材质控制，灯光只是使场景对象产生明暗变化，呈现立体感，材质对最终渲染效果的影响十分明显，甚至会影响成品对象的外部形态，它会给呆板的模型赋予生机，如图 3-1 所示，没有材质的模型与赋予材质后的质感效果对比。

图 3-1　模型与质感效果对比

一、材质的物理属性

1. 材质的概念

简单来说,材质就是物体看起来具有什么样的质地,它是用来指定物体表面的物理属性,决定这些平面在着色时的特性,如颜色、光亮程度、自发光度及不透明度等,而指定到材质上的图形被称为"贴图",如图 3-2 所示。

在三维设计软件中,材质和贴图主要用于描述对象表面的物质形态,构造真实世界中自然物质表面的视觉表象。不同的材质和贴图能够给人们带来不同的视觉感受,因此贴图在三维设计软件中是营造客观事物真实效果最有效的手段之一。

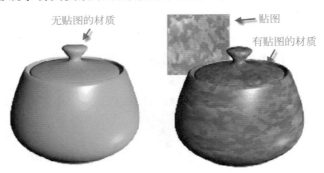

图 3-2　无贴图与有贴图对比

2. 光源色、固有色与环境色

（1）固有色

固有色是指物体在正常日光照射下所呈现出的固有色彩。如红花、紫花、黄花等色彩的区别。

（2）光源色

光源色是指某种光线,如太阳光、月光、灯光、蜡烛光等照射到物体后所产生的色彩变化。在日常生活中,同样一个物体,在不同的光线照射下会呈现不同的色彩变化。比如同是阳光,早晨、中午、傍晚的色彩也是不相同的,早晨偏黄色、玫瑰色,中午偏白色,而在黄昏则偏橘红、橘黄色。

阳光还因季节的不同呈现出不同的色彩变化,夏天阳光直射,光线偏冷,而冬天阳光则偏暖。光源颜色越强烈，对固有色的影响也就越大，甚至可以改变固有色。所以光线的颜色直接影响物体固有色的变化，光源色在三维软件中体现在灯光的应用上。

（3）环境色

环境色是指物体表面受到光照后，除吸收一定的光外，也能反射到周围的物体上。尤其是光滑的材质具有强烈的反射作用。另外在暗部中反映较明显。环境色的存在和变化，加强了画面相互之间的色彩呼应和联系，也大大丰富了画面的色彩。环境色的掌握对学习三维软件的材质非常重要，如图 3-3 所示为固有色及受光源色和环境色的影响效果。

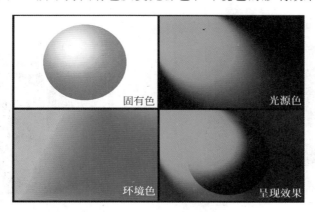

图 3-3　固有色、光源色、环境色影响效果

二、材质的构成及材质编辑器

1. 材质的构成

材质是对视觉效果的模拟，而视觉效果包括颜色、质感、反射、折射、表面粗糙程度以及纹理等诸多因素，这些视觉因素的变化和组合使得各种物质呈现出各不相同的视觉特性。而材质正是通过这些因素进行模拟，使场景对象具有某种材料特有的视觉特性。

材质既然模拟的是一种综合的视觉效果，那么它本身也是一个综合体。材质由若干参数构成，每一个参数负责模拟一种视觉因素，如颜色、反光、透明、纹理等。如图 3-4 所示为不同的材质效果表现。

图 3-4　3ds Max 模拟不同材质效果

2. 材质编辑器

在 3ds Max 中按 M 键进入材质编辑器,材质编辑器大致分成示例窗、工具栏和参数区 3 个部分,如图 3-5 所示。

(1) 材质样本

样本材质球所在的样本槽代表一种材质,对某一材质编辑时,先用鼠标激活该材质样本槽,这时激活样本槽四边会有白色线框,如图 3-6 所示。样本槽的数量是可以改变的,选中一个样本槽右击,出现如图 3-7 所示的快捷菜单。

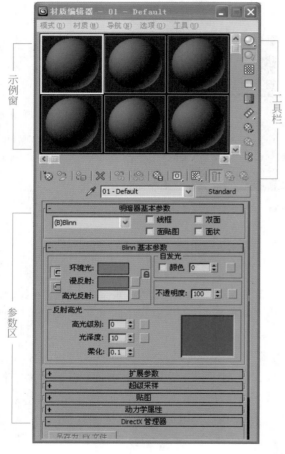

图 3-5　材质编辑器

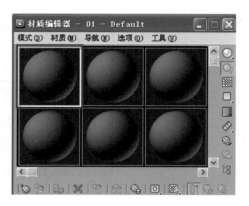

图 3-6　材质球

图 3-7　快捷菜单

小技巧　　　　一个场景中所使用的材质数量与样本槽之间没有相互限制,样本槽是负责显示材质效果而不是储存材质的,而材质是可以被存储在场景文件或保存在材质库中,使用时可以从场景或材质库中调用,调用的材质便会在样本槽中显示。 因此,样本槽的数量不会限制材质的数量。

(2) 工具栏部分

工具栏分别分布在样本槽视窗的右侧和下方。工具栏的命令可以完成材质的调用,存储和赋予场景对象等功能。右侧工具栏是用于管理和更改贴图及材质的按钮,为了帮助记忆,编者将位于示例窗下面的工具栏称为水平工具栏,表 3-1 列出了其具体功能。示例窗右侧工具栏称为垂直工具栏,表 3-2 列出了其具体功能。

表 3-1　垂直工具栏简介

按钮	名　　称	功　　能
	采样类型	显示样本的显示方式,默认为球形,还有圆柱和立体方式
	背光	给视图中的样本添加一个背光效果,默认状态为打开状态
	背景	给样本加一个方格背景
	采样 UV 平铺	样本中贴图重复次数。有 1 次、4 次、9 次和 16 次重复
	视频颜色检查	检查 NTSC 和 PAL 制式以外的视频信号和颜色
	生成预览	给动画材质后生成预览文件,可播放和存储预览文件
	选项	用来调整示例窗显示参数
	按材质选择	将选定材质赋予某物体后,单击该按钮会打开选择物体对话框
	材质/贴图导航器	打开材质/贴图导航器,以选择材质/贴图层级

表 3-2　水平工具栏简介

按钮	名　　称	功　　能
	获取材质	单击该按钮可打开"材质/贴图浏览器"对话框,在该对话框中可以选择材质或贴图
	将材质放入场景	使当前样本材质成为同步材质
	将材质指定给选择对象	将编辑好的材质赋予场景中被选中的物体
	重置贴图/材质为默认设置	恢复当前材质的默认设置
	复制材质	给当前材质制作副本
	使唯一	使一个实例化的子材质成为唯一的独立子材质
	放入库	将经过编辑的材质放回材质库
	材质 ID 通道	选择相应的材质 ID 通道将其指定给材质,该效果可以被 Video Post 过滤器用来控制后期处理的位置。
	在视口中显示贴图	可以使贴图在视图中的对象表面显示
	显示最终效果	显示当前层材质的最后效果
	转到父对象	进入操作过程的上一级
	转到下一个同级项	在当前层中进入下一个贴图或材质

（3）参数调整部分

该部分是材质编辑的主体部分,我们正是在这部分中通过基本参数与贴图等来模拟各种视觉因素,材质编辑器展开如图 3-8 所示。

① 材质的基本参数。通过基本参数的调整,可以做出简单的材质,材质的基本参数聚集在"明暗器基本参数"和"基本参数"两个卷展栏中,如图 3-9 所示。这些参数用于设置材质的明暗器、颜色、反光度、透明度等。

【环境光】用于控制材质阴影区的颜色,它比漫反射区颜色要暗,并且应具有环境的反射颜

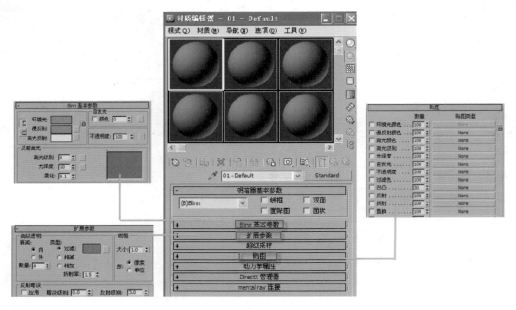

图 3-8　材质编辑器展开

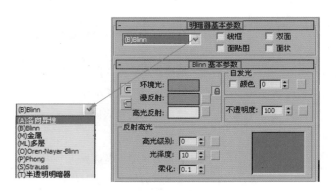

图 3-9　材质基本参数

色,所以说环境光的颜色并非黑色而是与漫反射周围环境区域相协调的颜色。

【漫反射】漫反射区域代表材质表面阴影区与高光区之间的区域,这个区域也是影响材质表面颜色最显著的区域,漫反射的颜色控制着材质绝大部分可见区域色彩。

【高光反射】高光区是指材质表面高光点及其周围区域,通常该区域的颜色是材质本身色彩区域增亮之后的颜色,大多接近白色,材质表面高光区的大小及强弱受高光级别和光泽度控制。

在 3ds Max 中“Blinn”明暗器下的颜色是由 1 为“高光反射”、2 为“漫反射”、3 为“环境光”3 种颜色组成,如图 3-10 所示。

【自发光】该参数常用于模拟灯光、夜光灯等一些自发光效果。选择“自发光”选项组的“颜色”复选框,将会出现颜色显示窗,读者可以通过调整颜色显示窗的颜色,来确定对象的自发光程度。绝对的白色为完全的自发光效果,而 100％黑色没有自发光效果,如图 3-11 所示。

【不透明度】该参数可控制材质是不透明、透明还是半透明。如图 3-12 所示,左图为进行“不透明度”设置的效果,右图为不透明度贴图所控制不透明度的效果。

“反射高光”组中的 3 个参数分别用于设置高光级别、光泽度以及柔化效果,如图 3-13 所示。

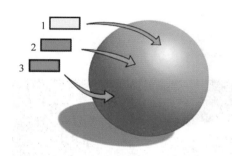

图 3-10 明暗器下的颜色

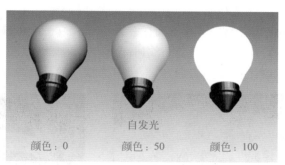

图 3-11 不同参数的自发光效果

图 3-12 不透明度

图 3-13 反射高光参数

【高光级别】该参数控制反射高光的强度,该数值越大,高光将越亮;

【光泽度】该参数控制反射高光的大小;

【柔化】该参数用于柔化反射高光效果。右侧的高光曲线图用于显示调整"高光级别"和"光泽度"的效果。

② 明暗器基本参数。明暗模式是阴影类型,即标准材质最基本的属性,也称为反光类型,例如,一块布料和一块金属在光的照射下所呈现出的反光效果是完全不同的。

【各向异性】该项明暗器可以产生椭圆形的高光效果,常用来模拟头发、玻璃或磨砂金属等对象的质感,如图 3-14 所示。

【Blinn】该项明暗器与"Phong"明暗器具有相同的功能,但拥有比"Phong"明暗器更为柔和的高光,较适用于球体对象,如图 3-15 所示为使用 Blinn 明暗器模拟人眼睛的效果。

图 3-14 各向异性模拟磨砂金属

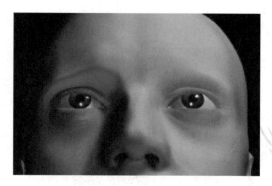

图 3-15 Blinn 模拟人的眼睛

【金属】该项明暗器去除了"高光反射"颜色和"柔化"参数值，使"反射高光"与"光泽度"对比很强烈，常用于模拟金属质感的对象，如图 3-16 所示。

【多层】该项明暗器与"各向异性"明暗器效果较为相似，不同之处在于，"多层"明暗模式能够提供两个椭圆形的高光，形成更为复杂的反光效果，如图 3-17 所示。

图 3-16　金属反光特征与应用

图 3-17　多层反光特征与应用

【Oren-Nayar-Blinn】该明暗模式具有反光度低，对比弱的特点，适用于无光表面，如"纺织品"、"粗陶"、"赤土"等对象，如图 3-18 所示。

【Phong】该明暗器与默认的 Blinn 明暗器相比，具有更明亮的高光，高光部分的形状呈椭圆形，更易表现表面光滑或者带有转折的透明对象，例如"玻璃"，如图 3-19 所示。

图 3-18　Oren-Nayar-Blinn 反光特征与应用

图 3-19　Phong 模拟玻璃

【Strauss】该明暗器适用于金属和非金属表面，效果弱于"多层"明暗器，但是 Strauss 明暗器的界面比其他明暗器的简单，易于掌握和编辑，如图 3-20 所示。

【半透明明暗器】半透明明暗器方式与 Blinn 明暗方式类似，但它还可用于指定半透明对象。半透明对象允许光线穿过，并在对象内部使光线散射。可以使用半透明来模拟被霜覆盖和侵蚀的玻璃，如图 3-21 所示。

图 3-20　Strauss 模拟金属

图 3-21　半透明明暗器

【线框】复选框将清除对象的表面部分，只保留对象的线框结构，用户可以在"扩展参数"卷展栏中设置线框的大小，如图3-22所示。

【双面】复选框将忽略对象表面的法线，对所有的表面进行双面显示，如图3-23所示。

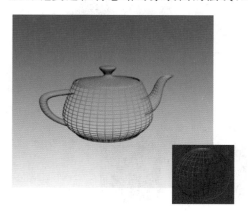 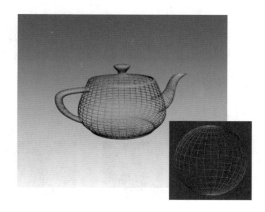

图3-22　"线框"特征　　　　　　　　　　图3-23　"双面"特征

【面贴图】复选框可以将材质应用到几何体的每一个面上。如果材质是贴图材质，则不需要贴图坐标，贴图会自动应用到对象的每一面，如图3-24所示。

【面状】复选框的效果相似于对象清除平滑组的效果，该功能只应用于渲染，对对象本身没有影响，如图3-25所示。

图3-24　"面贴图"特征　　　　　　　　　图3-25　"面状图"特征

3. 材质的扩展参数

扩展参数卷展栏是基本参数的延伸，它可以控制透明、折射率、反射暗淡以及线框参数，"扩展参数"卷展栏如图3-26所示。

（1）高级透明

【衰减】

内：从边缘边向中心增加不透明度，也就是材质中间比边缘更透明，两者的差别由数量中的数值来决定，数值越大，两者反差越大。

外：从中心向边缘增加透明度，与内互为反效果，外部边缘比内部更透明，这种情况较少使用，如图3-27所示。

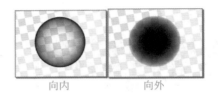

图 3-26　扩展参数　　　　　　　图 3-27　内外衰减对比

【数量】用来调节衰减的程度,如图 3-28 所示。

图 3-28　不同数值的衰减

【类型】用来确定透明效果的方式,如图 3-29 所示。

过滤:用过滤色来确定透明的颜色。

相减:用材质的颜色减去背景的颜色来确定透明色彩,使材质背后的颜色加深。

相加:用材质的颜色加上背景的颜色来确定透明色彩,使材质背后的颜色变亮。

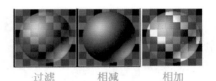

图 3-29　不同的叠加类型

折射率:用来设置折射贴图和光线跟踪的折射率。IOR 用来控制材质对透射灯光的折射程度。

(2) 线框

该选项组中的"大小"参数用来设置线框大小。

"按"选项右侧的两个单选按钮用于指定测量线框的方式。选择"像素"单选按钮,将以像素为单位进行测量。选择单位单选按钮,将以 3ds Max 所设置的单位进行测量。

(3) 反射暗淡

该选项组的参数设置可以使阴影中的反射贴图显得暗淡。

第二节　灯　　　光

一、3ds Max 灯光介绍

灯光是 3ds Max 中模拟自然光照效果最重要的手段,称得上是 Max 场景的灵魂。灯光在表现场景、气氛等方面有着非常重要的作用,在三维场景中仅有精美的模型和逼真的材质纹理还不够,只有在场景中有了合适的灯光,才能增强物体的表现力。

在渲染时,Max 中的灯光作为一种特殊的物体本身是不可见的,可见的是光照效果。如果场景内没有一盏灯光(包括隐含的灯光),那么所有的物体都是不可见的。不过 Max 场景中存在着两盏默认的灯光,虽然一般情况下在场景中是不可见的,但是仍然担负着照亮场景的作用。一旦场景中建立了新的光源,默认的灯光将自动关闭。如果场景内所有灯光都被删除,默认的灯光又会被自动打开。默认灯光有一盏位于场景的左上方,另外一盏则位于场景的右下方。

二、灯光使用的基本目的

(1)提高场景的照明程度。默认状态下,视图中默认两盏灯的照明程度往往不够,很多复杂物体的表面都不能很好地表现出来,需要为场景增加灯光来改善照明程度。

(2)通过逼真的照明效果来提高场景的真实性。

(3)为场景提供阴影,提高真实程度。因为所有的灯光都可以产生阴影效果,还可以设置灯光是否投射或接受阴影。

(4)因为灯光本身不能渲染,所以还需要创建复合发射光源几何体。自发光类型的材质也可起到光源的辅助作用。

(5)制作光域网照明效果场景。通过光度学灯光设置各种光域网文件,可以很容易地制作出各种不同的照明分布效果,这些光域网文件可以直接从制造厂商获得。

三、标准灯光的类型与作用

标准灯光是基于计算机的模拟灯光对象,如家用或办公室灯、舞台和电影工作时使用的灯光设备和太阳光本身。不同种类的灯光对象可用不同的方法投射灯光,模拟不同种类的光源,如图 3-30 所示。

图 3-30   计算机模拟光源效果

(一)灯光介绍

标准灯光是 3ds Max 中传统灯光系统,属于一种模拟的灯光类型,能够模仿生活中的各种光源,并且由于光源的发光方式不同而产生各种不同的光照效果。它与光度学灯光的最大区别在于没有基于实际的物理属性来设置灯光的参数。标准灯光共有 8 种灯光对象,分别如图 3-31 所示。

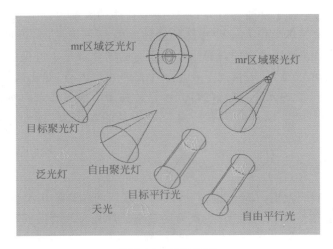

图 3-31　标准灯光

（1）目标聚光灯

聚光灯是从一个点投射聚焦的光束，如图 3-32 所示。在系统默认的状态下光束呈锥形。目标聚光灯包含目标和光源两部分，方向性非常好，加入投影设置，可以产生优秀的静态仿真效果，缺点是在进行动画照明时不易控制方向，两个图标的调节常使发射范围改变，也不易进行跟踪照射。它有矩形和圆形两种投影区域，矩形适合制作电影投影图像、窗户投影等，圆形适合路灯、车灯、台灯及模拟舞台的跟踪灯光或者马路上的路灯照射效果。

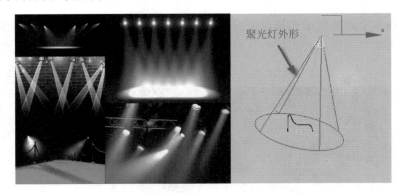

图 3-32　聚光灯效果

（2）自由聚光灯

同属于聚光灯的自由聚光灯没有目标点，通过移动和旋转自由聚光灯能使其指向任何方向。它产生锥形的照明区域，是一种受限制的目标聚光灯，因为我们只能控制它的整个图标，而无法在视图中对发射点和目标点分别调节。它的优点是不会在视图中改变投射范围，特别适合一些动画灯光，如摇晃的船栀灯，摇晃的手电筒、舞台上的投射灯、矿工头上的射灯、汽车前大灯等。

（3）目标平行光

目标平行光相似于目标聚光灯，其照射范围呈圆形和矩形，而不是"锥形"。光线平行发射。这种灯光通常用于模拟太阳光在地球表面上投射的效果，对于户外场景尤为适合，如果作为体积光源，它可以产生一个光柱，常用来模拟探照灯、激光束等特殊效果。聚光灯与平行光

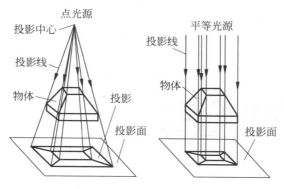

图 3-33　聚光灯模型与平行光模型比较

比较如 3-33 所示。

（4）自由平行光

与目标平行光不同，自由平行光没有目标对象，它也只能通过移动和旋转灯光对象以在任何方向将其指向目标，这样可以保证照射范围不发生改变。自由平行光非常适合于对灯光的范围有固定要求，尤其是在灯光的动画中。

（5）泛光灯

泛光灯在视图中显示为正八面体图标，是从单个光源向各个方向投射光线。标准的泛光灯用来照亮场景，它的优点是易于建立和调节，不用考虑是否有对象在范围外而不被照射到；缺点是不能创建的太多，否则效果就会显得平淡无层次感。

泛光灯参数与聚光灯的参数大体相同，也可以进一步扩展功能，如全面投影、衰减范围，这样它也可以有灯光的衰减效果、投射阴影和图像。它与聚光灯的差别在于照射范围，1 盏投影泛光灯相当于 6 盏聚光灯所产生的效果。一般情况下泛光灯用于将辅助照明添加到场景中。这种类型的光源常用于模拟灯泡和荧光棒等效果，如图 3-34 所示。

图 3-34　泛光灯外形及照射效果

（6）天光

天光灯可以将光线均匀地分布在对象表面，并与光跟踪器渲染方式一起使用，从而模拟真实的自然光效果，如图 3-35 所示。

（7）mental ray 区域泛光灯

mental ray 区域泛光灯在系统默认的扫描线渲染方式下与标准的泛光灯效果相同，当使

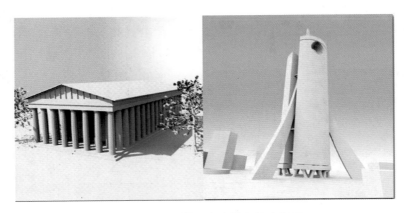

图 3-35　天光模拟真实的自然光效果

用 mental ray 渲染器渲染场景时,区域泛光灯从球体或圆柱体区域发射光线,而不是从点源发射光线。

（8）mental ray 区域聚光灯

mental ray 区域聚光灯在系统默认的扫描线渲染方式下与标准的聚光灯的效果相同,当使用 mental ray 渲染器渲染场景时,区域聚光灯从矩形或蝶形区域发射光线,而不是从点光源发射光线。

（二）标准灯光的重要参数

【倍增】对灯光的照射强度进行倍增控制,默认值为 1.0,如果设置值为 2.0,则光的强度会增加一倍;如果设置为负值,将会产生吸收光的效果。通过这个选项增加场景的亮度可能会造成场景颜色过曝,还会产生视频无法接受的颜色,所以除非是效果或特殊情况下进行这样的设置,否则应尽量保持在默认的 1.0。倍增控制效果如图 3-36 所示。

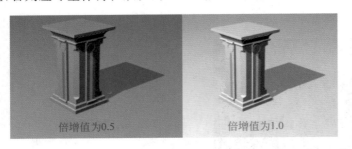

图 3-36　不同倍增值的控制效果

【颜色】单击颜色按钮,可以弹出色彩调节框,直接在调节框中调节灯光的颜色。灯光的颜色是烘托出场景气氛的,颜色可以通过以下两种方式进行调节。

R、G、B：分别调节 R（红）、G（绿）、B（蓝）三原色值。

H、S、V：分别调节 H（色调）、S（饱和度）、V（亮度）三项数值,如图 3-37 所示。

【排除】允许指定对象不受灯光的照射影响,这里包括照明影响和投影影响,通过对话框来进行控制。通过按钮可以将场景中的对象加入（或取回）到右侧排除框中,作为排除对象,它将不再受到指定灯光的照射影响,对于照明和投影阴影影响,可以分别予以排除。如图 3-38 所示,场景中只有一盏聚光灯和一盏泛光灯（不投影）,1 为正常照明效果,2 为聚光灯只排除对右侧茶壶的投影,3 聚光灯只排除对右侧茶壶的照明,4 为聚光灯既排除对右侧瓶子的照明又排

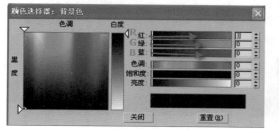

图 3-37　颜色选择器

排除右侧茶壶的投影

排除右侧茶壶的照明

排除右侧茶壶的照明及投影

图 3-38　聚光灯排除效果

除对它投影。

【聚光区/光束】调节灯光的锥形区,以角度为单位。标准聚光灯在聚光区内的强度保持不变。

【衰减区/区域】调节灯光的衰减区域,以角度为单位。从聚光区到衰减区的角度范围内,光线由强向弱进行变化,此范围外的对象不受任何强光的影响,如图 3-39 所示。左侧为聚光区与衰减区角度相差较大的效果,这时可以产生柔和的过渡边界;右侧为相近时的效果,这时衰减过渡很小,产生尖锐生硬的光线边界。

【圆/矩形】设置是产生圆形灯还是矩形灯,默认设置是圆形,产生圆锥状灯柱。矩形产生长方形灯柱,常用于窗户投影灯或电影、幻灯机的投影灯。如果打开这种方式,下面的 Asp 值用来调节矩形的长宽比,位图拟合按钮用来指定一张图像,使用图像的长宽比作为灯光的长宽比,主要为了保证投影图像的比例正确。

【投影贴图】打开此项,可以通过其下的贴图按钮选择一张图像作为投影图。它可以使灯

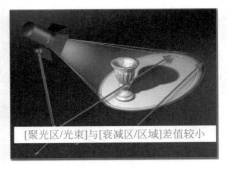

[聚光区/光束]与[衰减区/区域]差值较大　　[聚光区/光束]与[衰减区/区域]差值较小

图 3-39　聚光区与衰减区调整效果

灯光

投影贴图效果

图 3-40　投影贴图效果

光投影出图片效果。如果使用动画文件,还可以投影出动画,像电影放映机一样。如果增加体积光效果,可以产生彩色的图像光柱,如图 3-40 所示。

知识拓展　(1) 使用强光的几个场合

- 模拟一个集中的光线照明,如灯泡。
- 模拟户外中午时分的场景。
- 模拟太空场景。
- 模拟舞台效果,如一盏聚光灯聚焦在歌剧演员身上。
- 模拟沙漠中的环境。 因为沙漠中光线不会受到遮挡,再加上沙粒对光线的反射作用,会产生很强的光。
- 模拟小品效果。 这种效果以前主要运用在摄影方面,是用强光产生的锐利阴影表现象征意义。

(2) 使用柔光的几个场合

- 营造温馨的画面和场景。 比如热恋中的情人、合家团圆等。
- 营造东方式的怀旧氛围,用黄色柔光效果极佳。
- 模拟阴天的自然光。
- 模拟间接光。 比如阳光透过树叶或窗帘。
- 人物肖像的刻画。 这是好莱坞的惯用技法,像梦露等老牌明星的明星照就常常采用柔光摄影法。
- 模拟照片级真实度图像。 采用超强光模拟真实世界是以前的流行做法,但是如今已经过时了。

3D各种灯光的基本适用场合：

（1）泛光灯

- 适合模拟太阳光。 如果要营造出一个阳光从窗外投射进室内的景象就可以使用泛光灯。
- 模拟无遮挡的电灯泡，这是一个很好的方法。
- 模拟夜间野外飞舞的萤火虫，可以将亮度很低的泛光灯捆绑在物体上。

（2）聚光灯

严格意义而言，使用一定数量的聚光灯可以模拟任何一种灯光效果，比如区域光、太阳光、舞台光等。 但提醒大家，聚光灯在使用时最好组建灯光阵列（比如钻石形阵列、球形阵列等），这样就可以得到完美的灯光方案。

（3）平行光

这种光在实际运用中极少用到，因为它的功能完全可以使用泛光灯和聚光灯来实现。一般用来模拟户外阳光。

四、三点布光实例

（一）主光

通常用主光来照亮场景中的主要对象与其周围区域，并且担任给主体对象投影的功能。主要的明暗关系由主体光决定，包括投影的方向。主体光的任务根据需要也可以用几盏灯光来共同完成。如主光灯在15度到30度的位置上，称为顺光；在45度到90度的位置上，称为侧光；在90度到120度的位置上称为侧逆光。主体光常用聚光灯来完成。顶视图通常主光的放置，往往在摄像机布置完之后进行，距离多远及角度取决于所要表达的主题。

① 在前视图上，主光与对象成35度到45度的角度。这就是三点光照中关于主光位置的确定，如图3-41所示。

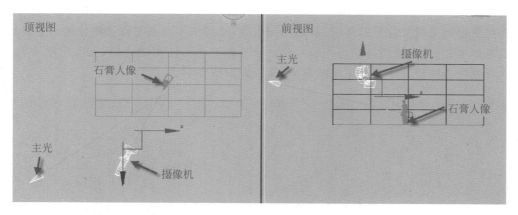

图 3-41　主光源、摄像机位置设置

② 设置主光常规与阴影参数，如图3-42所示。

【偏移】调整阴影距离对象的尺寸，值越大阴影就越偏离对象。

【尺寸】阴影的大小，值越大阴影就越大，反之阴影就会发生模糊。值很大时，渲染速度将大大增加。

【采样范围】取样范围，控制阴影边缘的模糊程度，值越大，效果就越明显。

（二）辅助灯

辅助灯又称为补光。用一个聚光灯照射扇形反射面，以形成一种均匀的、非直射性的柔和光源，用它来填充阴影区以及被主体光遗漏的场景区域、调和明暗区域之间的反差，同时能形成景深与层次，而且这种广泛均匀布光的特性使它为场景打了一层底色，定义了场景的基调。由于要达到柔和照明的效果，通常辅助光的亮度只有主体光的 $50\% \sim 80\%$。辅助灯的阴影投射要较柔和，可以为主光的照明提供更好的效果。

在顶视图设置辅助光与主光成 90 度的角度，在前视图通常情况下，辅光的高度与主光保持一致，参数设置如图 3-43 所示。

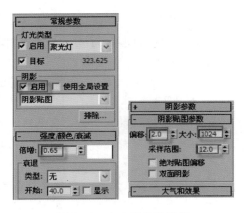

图 3-42　主光源参数设置

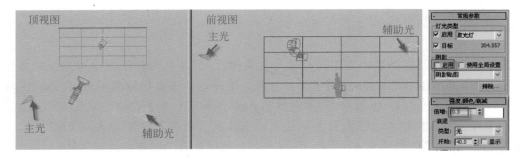

图 3-43　辅助光源的位置

（三）背光

背光的作用是增加背景的亮度，从而衬托主体，并使主体对象与背景相分离。主要是在对象的边缘产生光晕，生成明显的边界和背景区分开来。也可使用泛光灯，亮度宜暗不宜太亮。背光在顶视图上的位置一般在主光的对面，其位置如图 3-44 所示。

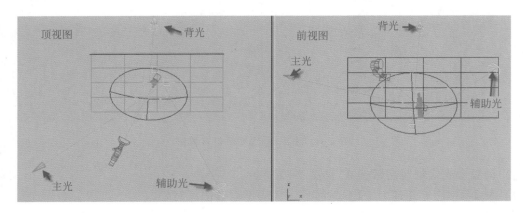

图 3-44　背光的位置设置

打开背光的阴影启用,将倍增值调到 0.3,打开远距衰减"开始"值在 181 左右,"结束"值为 225 左右,如图 3-45 所示。

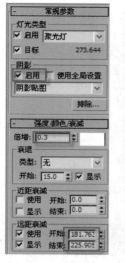
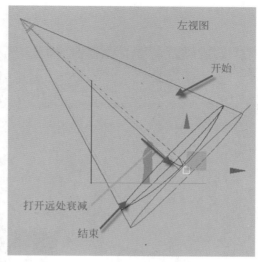

图 3-45　背光的参数设置

（四）补光的布置

经过前面三步,即三点照明,场景已经有较好的光照效果了。为了模拟得更加真实自然,这里再布置两盏补光:一盏是背景光;另一盏是反射光。使用背景光的目的是照亮主光没照射到的地板、墙面。使用反射光的目的是为了模拟场景中产生的反射光。主光是场景中最亮的光源,在它的照射下,地板、墙面会反射一些光线到角色身上,这就是反射光。有时候,通过适当调整辅助光位置,也可以模拟反射光效果,这时就不必再布置专门灯光模拟反射光了。这里布置了一盏独立的反射光,而没利用辅助光,因为这样更便于控制效果。

从顶视图看,反射光位于主光对面。至于背景光,它与主光的照射方向大致平行,背景光略微偏向左边,目的是照射主光没有照射到的区域。为了很好地实现这一目的,可以分别调整这两盏灯光的"聚光区"和"衰减区"大小,聚光区是聚光灯最亮的照射区域,衰减区是聚光灯由最亮到无光的渐变区域。至于图中的叠合区域,是背景光衰减区与主光衰减区重叠形成平滑照明的区域。如图 3-46 所示为主光、辅助光、补光(背景光、反射光)的位置设置。

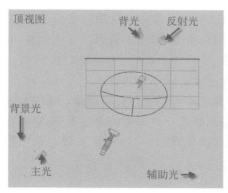
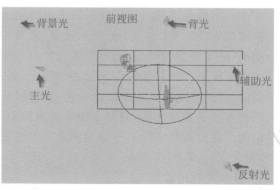

图 3-46　主光、辅助光、补光的位置设置

（五）最后调整

观察整体效果，对个别灯光亮度等进行调整，或者利用灯光的衰减、排除功能，对光照效果进行修整。这里就从背光中排除对地板的照射。另外，稍微提高环境光的亮度。最终效果如图 3-47 所示。

图 3-47 "三点布光"原理渲染效果

第三节 摄像机与环境控制

一、摄像机创建与调整

（一）3ds Max 摄像机

3ds Max 中的摄像机拥有超现实摄像机的能力，更换镜头动作可以瞬间完成，无级变焦更是真实摄像机无法比拟的，对于景深的设置，直观地用范围表示，用不着通过光圈计算，对于摄像机的动画，除了位置变动外，还可以表现焦距、视角、景深等动画效果，如图 3-48 所示。

自由摄像机可以很好地跟随到运动物体上，随着运动物体在运动轨迹上一同运动，同时可以进行跟随、倾斜、旋转，如建筑动画漫游，摄像机带着观察者完成穿行的动画。摄像机视图和透视图的观察效果基本相同，只是在摄像机视图中给观察者一个固定的观察视角，以确定最终渲染的角度。在摄像机视图右下角视图区一些常规的操作按钮，可以轻松实现对摄像机的调节，模拟变焦、推拉等操作等。

（二）摄像机常用术语

对于初接触三维动画的人来讲，对摄像机是很陌生的，因此有必要首先了解一下摄像机的

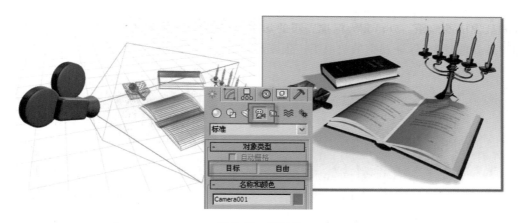

图 3-48　摄像机

焦距和视角,如图 3-49 所示。

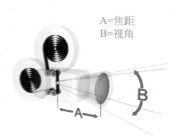

A=焦距
B=视角

图 3-49　摄像机常用术语

　　镜头与感光表面的距离称为镜头焦距。焦距会影响画面中包含对象的数量,焦距越短,画面中能够包含的场景画面范围越大;焦距越长,包含场景画面就越少,但却能够清晰地表现远处场景的细节。国际上公认焦距是以毫米为单位的,通常 50mm 镜头定为摄影的标准镜头,低于 50mm 镜头称为广角镜头,高于 50mm 的镜头称为长焦距。这里需要说明摄像机同照相机使用的是同样的术语。

　　视角用来控制场景可见范围的大小,单位为"地平角度",这个参数直接与镜头的焦距有关,例如 50mm 镜头的视角范围为 46mm,镜头越长视角越窄。

　　短焦距(宽视角)会加剧透视的失真,而长焦距(窄视角)能够降低透视的失真。50mm 镜头最为接近人眼,所以产生的图像效果比较正常,多用于快照、新闻图片、电影制作等内容。

(三)目标摄像机和自由摄像机

　　目标摄像机多用于观察所指方向内的场景内容,轨道动画制作,如穿越建筑物的巡游,车辆移动的跟踪拍摄效果等。自由摄像机的方向能够随着路径的变化而自由的变化,可以无约束地移动和定向,如图 3-50 所示。

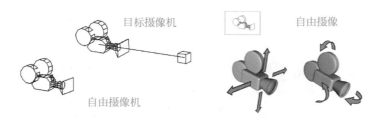

目标摄像机　　　　　　　　自由摄像

自由摄像机

图 3-50　目标摄像机与自由摄像机

　　目标摄像机用于观察目标附近的场景内容,与自由摄像机相比,它更易于定位,只需要直接将目标点移动到需要的位置上就可以了。摄像机对象及其目标点均可以设置动画,如图 3-51 所示。

(四)摄像机中的重要参数

　　【镜头】"参数"卷展栏中的第一个参数可以设置镜头值,或者简单地说,可以设置以毫米为单位的摄像机的焦距。48mm 为标准人眼的焦距,短焦造成鱼眼镜头的夸张效果,长焦距用来观测较远处的景象,保证观察的对象不产生变形,如图 3-52 所示。

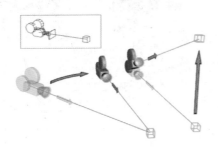

图 3-51   目标摄像机

图 3-52   镜头

【视野】是设置摄像机的视角,依据选择的视角方向调节该方向上的弧度大小,如图 3-53 所示。

【↔】是一个下拉按钮,用来控制 FOV 角度值的显示方式,包括水平、垂直、对角 3 种方式。可以设置摄像机显示的区域的宽度,该值以度为单位指定,使用它左边的弹出按钮可将其设置成代表"水平"、"垂直"或"对角"距离。

【备用镜头】是专业摄影家和电影拍摄人员在他们的工作过程中使用标准的备用镜头,单击"备用镜头"按钮可以在 3ds Max 中使用这些备用镜头,预设的备用镜头包括 15mm、20mm、24mm、28mm、35mm、50mm、85mm、135mm 和 200mm 长度,提供了 9 种常用的镜头可供快速选择,如图 3-54 所示。

图 3-53   视野

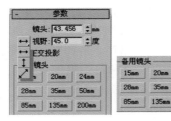

图 3-54   备用镜头

【显示地平线】"显示地平线"设置是否摄像机视图中显示地平线,以深灰色显示的地平线,如图 3-55 所示。

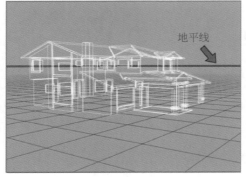

图 3-55   显示地平线

镜头和视野是一组相互关联的参数，镜头数值越大视野参数就会越小，反之镜头数值越小视野参数就会越大。

【环境范围】设置环境大气的影响范围，通过下面的近距范围和远距范围确定，如图 3-56 所示，近处的树木几乎不受到雾气效果的影响，而远处的树和房屋受雾气效果的影响则很明显。

图 3-56　环境范围

【剪切平面】是平行于摄像机镜头的平面，以红色带交叉的矩形表示。剪切平面可以排除场景中一些几何体的视图显示或控制渲染场景的某些部分，摄像机近距剪切效果如图 3-57 所示。

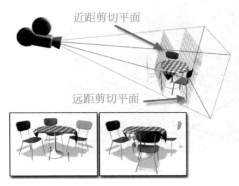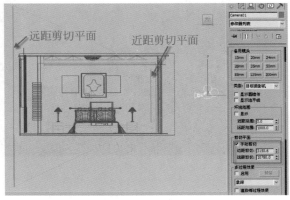

图 3-57　剪切平面

【多过程效果】用于摄像机指定景深或运动模糊效果。它的模糊效果是通过对同一帧图像的多次渲染计算并重叠结果产生的，因此会增加渲染时间。景深和运动模糊效果是相互排斥的，由于它们都依赖于多渲染途径，所以不能对用一个摄像机对象同时指定两种效果，如图 3-58 所示，当场景同时需要两种效果时，应当为摄像机设置多过程景深，再将它们与对象运动模糊相结合。

【多过程景深】是指摄像机可以产生景深的过程效果，通过在摄像机与其焦点的距离上产生模糊来模拟摄像机景深效果，景深效果可以显示在视图中，如图 3-59 所示，摄像机的焦点位于图中收款机上，近处的和远处的物体都有不同程度的模糊。

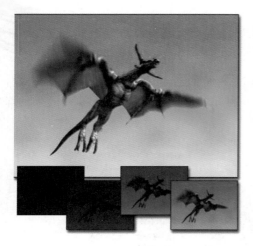

图 3-58　多过程效果

图 3-59　多过程景深

二、环境雾、火焰效果

（一）环境雾效果

使用 3ds Max 提供的环境雾效果可以使场景产生雾、层雾、烟雾、云雾、蒸汽等大气效果，从而使场景显得更为真实、纵深感更强。在 3ds Max 中有 3 种雾效果，分别为"标准雾"、"分层雾"和"体积雾"。标准雾通常与摄像机配合使用，在设置好的视阈范围内，距离摄像机越近的地方雾就越稀薄，而距离摄像机越远的地方雾就越深重，如图 3-60 所示。

图 3-60　环境雾效果

只有摄像机视图或透视视图中才会渲染出雾效果，正交视图或用户视图不会渲染雾效果。

使用摄像机与"标准雾"配合时，需要为摄像机限定一个视阈范围，只有摄像机设置的范围内的对象才会产生雾效果。下面是设置摄像机视阈范围的具体步骤。

（1）选择 Camera（摄像机）对象，进入"修改"面板。

（2）选择"环境范围"选项组中的"显示"复选框，启用"环境范围"设置，如图 3-61 所示。

（3）分别设置"近距范围"和"远距范围"参数，使"标准雾"产生在这两个参数之间。"分层雾"不像标准雾充满整个视图，而是在由上到下的一定范围内变薄或变厚，视图中不在这个范

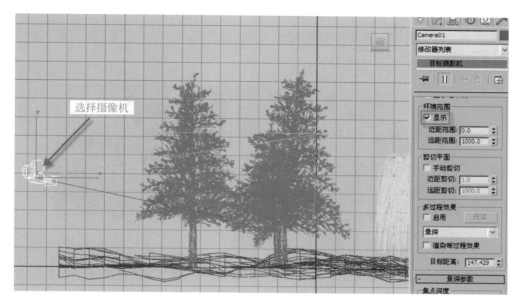

图 3-61　环境范围设置

围内的对象将不会受到雾影响。

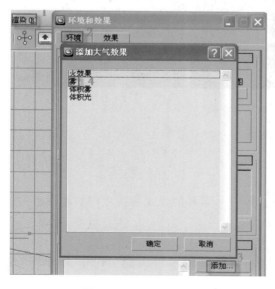

　　因为体积雾和体积光都需要借助其他的对象才能实现效果，所以关于体积雾部分的内容将放在后面进行讲述。

　　（4）在"环境"选项卡的"大气"卷展栏中单击"添加"按钮，在打开的"添加大气效果"对话框中选择"雾"选项，然后单击"确定"按钮退出该对话框，即可添加雾效果，如图 3-62 所示。

　　添加了雾效果后，就会出现"雾参数"卷展栏，如图 3-63 所示。在该卷展栏中可以对雾的类型、颜色以及密度等参数进行设置。

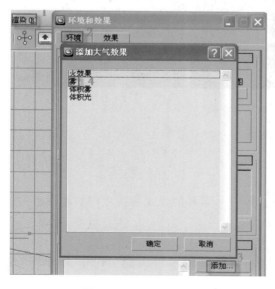

图 3-62　添加雾效果

图 3-63　雾参数设置

（二）环境雾类型

选择雾的类型，分为"标准雾"和"分层雾"2 种，选择其中一个，将打开其下相应的设置选项，如图 3-64 所示。

图 3-64　标准雾、分层雾对比

（三）体积光

在一些 3D 制作的三维场景中常常会看到自然光从窗户外面透进室内的效果，柔和的光线洒在屋内的地面上，看起来非常真实自然，如图 3-65 所示。下面我们就来用 3ds Max 制作这样一种透光效果。

图 3-65　体积光效果

案例　阳光透进窗户

【案例分析】

下面通过本案例模拟自然光从窗户外面透进小屋，柔和的光线洒在屋内的地面上的效果，如图 3-66 所示。

【制作过程】

① 单击（创建）按钮 ，进入创建命名面板，选择（图形）按钮 ，单击"矩形"按钮，在前视图中创建一个大矩形，勾选"开始新图形"后，再创建一个小矩形，参数可自定，如图 3-67 所示。

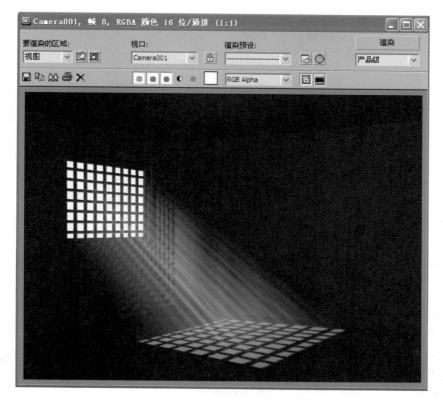

图 3-66　本案例体积光效果

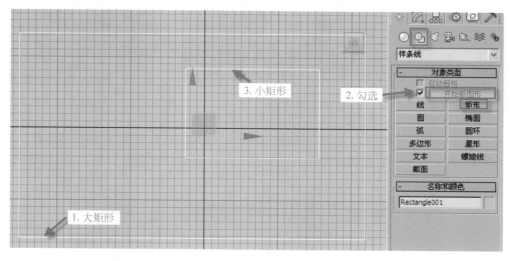

图 3-67　创建矩形

　　② 选择刚创建完的矩形线框上右击,在出现的快捷菜单中选择"转换为"下级菜单中的
"转换为可编辑样条线",如图 3-68 所示。

　　③ 取消对可编辑样条线的激活,在修改列表中选择挤出,将数量值调为 13,如图 3-69
所示。

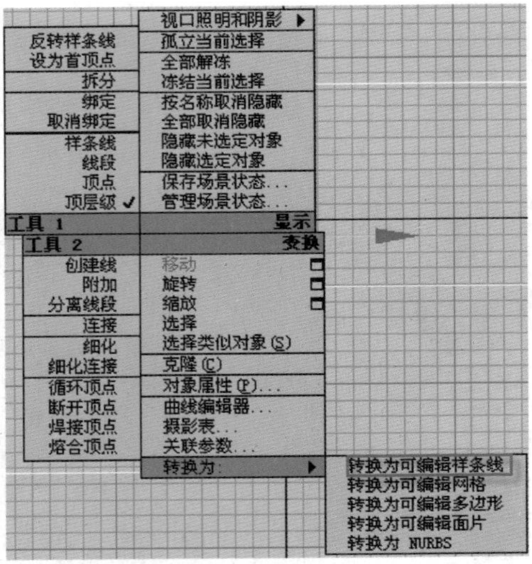

图 3-68　转换为可编辑样条线

④ 选择工具栏中的捕捉工具 3 ，右击打开栅格和捕捉设置，勾选"顶点"和"端点"，如图 3-70 所示。

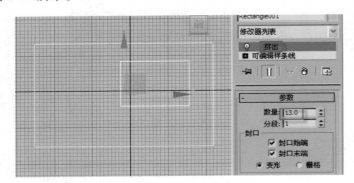

图 3-69　添加"挤出"修改

图 3-70　设置捕捉工具

⑤ 在捕捉开关激活的状态下，单击创建按钮 ，进入创建命名面板，选择图形按钮 ，单击矩形按钮，在前视图上捕捉洞口的左上点和右下点再创建一个矩形，用它来制作窗户框，如图 3-71 所示。

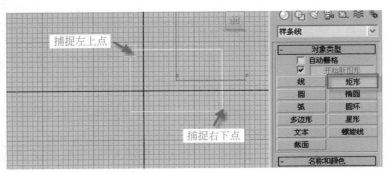

图 3-71　窗户框制作

⑥ 选择刚建好的小矩形,右击将其"转换为可编辑的样条线",再修改面板"可编辑样条线"的样条线级别,单击"几何体"卷展栏下的"轮廓"按钮,在前视图将选中的"轮廓"向内推移,产生窗口框的轮廓线,如图 3-72 所示。

⑦ 在窗户框上再创建若干个矩形(可用移动复制的方法完成),将其"附加"在窗户框上,如图 3-73 所示。

⑧ 选择刚完成窗户附加体,在修改列表中选择"挤出"命令完成三维挤出,调整"数量"值后,如图 3-74 所示。

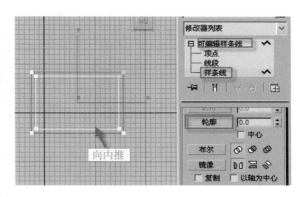

图 3-72　窗户框轮廓线

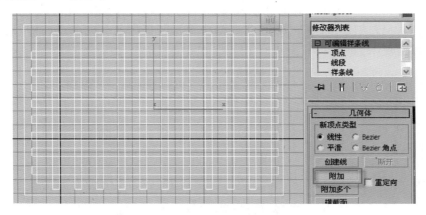

图 3-73　窗棂二维线

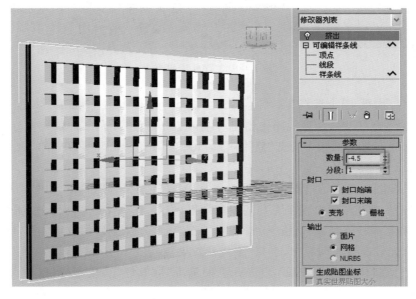

图 3-74　窗棂挤出

⑨ 用长方形创建房间的地面、顶棚和侧壁，在透视图上调整好相互位置，如图3-75所示。

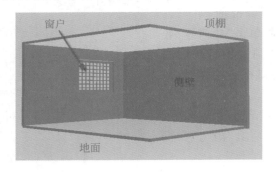

图3-75　创建空间

⑩ 在透视图中调整好视角后，在创建面板选择摄像机按钮 ，在顶视图的任意位置创建一架摄像机，确认选择摄像机同时确认透视图在激活的状态下，选择菜单栏中"视图"下拉式菜单，从中选择"从视图创建摄像机"，这样透视图中视角与摄像机就完成了匹配，最终可将透视图切换成摄像机视图，如图3-76所示。

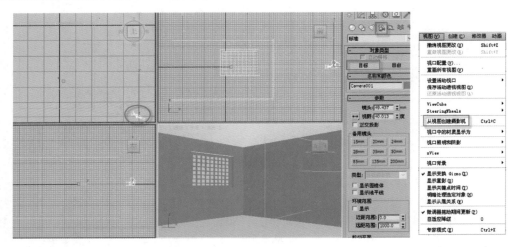

图3-76　创建摄像机视图

⑪ 在"创建"面板 上选择"灯光" ，在灯光下拉面板中选择"标准"灯光，在灯光对象类型中选择"目标聚光灯"后，在顶视图中创建一盏聚光灯，调整灯光位置如图3-77所示。

⑫ 选择灯光在修改面板中勾选"启用阴影"，适当调整聚光灯参数中的"聚光区"和"衰减区"参数，如图3-78所示。

⑬ 摄像机视图在激活的情况下，选择主工具中"快速渲染"按钮 ，如图3-79所示。

⑭ 从图3-79看到虽然出现了窗户的投影效果，但是场景内太黑，因此在场景内创建一盏"泛光灯"将"强度/颜色/衰减"面板下的"倍增"值改为0.2，渲染后的效果如图3-80所示。

⑮ 选择聚光灯在修改列表中，选择"大气和效果"卷展栏下添加"体积光"后，打开"环境和效果"设置面板，在"体积光"参数下，灯光一览中单击"拾取灯光"按钮，拾取场景中的泛光灯。调整体积栏中的"密度"值为3。渲染摄像机视图，最终得到体积光效果，参数设置如图3-81所示。

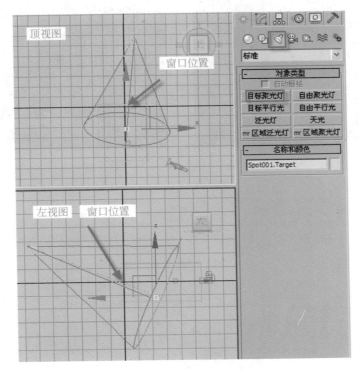

图 3-77 聚光灯创建

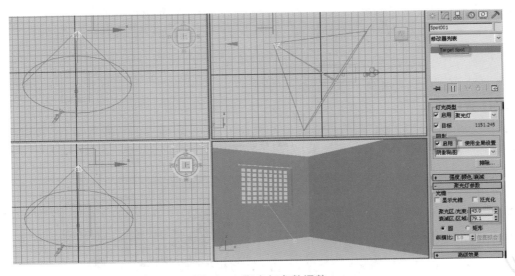

图 3-78 聚光灯参数调整

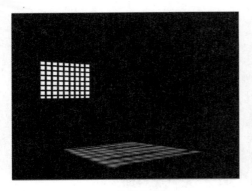

图 3-79　快速渲染

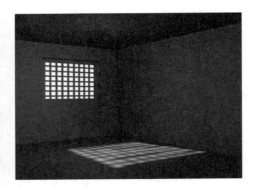

图 3-80　添加泛光灯效果

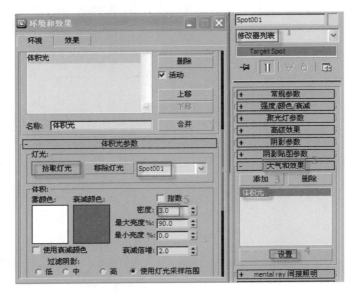

图 3-81　体积光参数设置

⑯ 渲染完成体积光效果,如图 3-81 所示。

(四)火焰效果

使用 3ds Max 中的"火"效果可以创建各种火焰、烟雾和爆炸的动画效果,最常用的是创建篝火、火炬、火球、烟云和星云等效果,如图 3-82 所示。

图 3-82　火焰效果

"火"效果的添加方法类似雾的添加，当用户添加了"火"效果后，"环境和效果"对话框中将会出现"火效果参数"卷展栏，如图 3-83 所示。同体积光相似，火焰效果同样是基于大气装置用于渲染的。

【Gizmo】：主要用于添加和移除大气装置对象，这与体积雾类似。

【颜色】：该选项组可以为火焰效果设置三个颜色属性，分别为内部颜色、外部颜色以及烟雾颜色。

【图形】：该选项组的参数主要是对火焰的形状进行设置。"火焰类型"选项右侧的"火舌"和"火球"单选按钮分别控制火焰的不同形状。当选择"火舌"单选按钮，创建的火焰效果类似于篝火的火焰，沿着中心使用纹理创建带方向的火焰。选择"火球"单选按钮，火焰的形状为圆形的爆炸效果，如图 3-84 所示为两种不同效果的火焰。

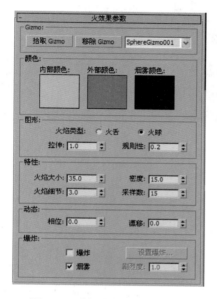

图 3-83　"火效果参数"卷展栏

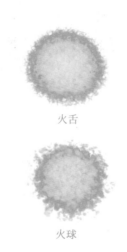

火舌

火球

图 3-84　两种火效果形态

案例　制作火把

【案例分析】

通过如下一个安装在墙壁上的火把案例，模拟火焰燃烧效果，如图 3-85 所示。

【制作过程】

① 单击图形 下 线 命令，在前视图中绘制火炬的轮廓线，如图 3-86 所示。

② 选定该轮廓线在修改列表中执行"车削"命令，如图 3-87 所示。

③ 单击几何体 下 长方体 创建墙壁，作为火炬的背景，同理利用"长方体"及"圆柱体"创建火炬支架，如图 3-88 所示。

④ 执行创建 →辅助对象 →"大气装置"→ 球体 Gizmo ，在火炬上方创建一个大气装置，勾选球体 Gizmo 参数下面的"半球"，使用缩放工具沿 Z 轴缩放后如图 3-89 所示。

图 3-85　火焰效果

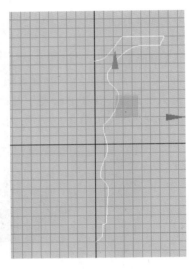

图 3-86　火炬轮廓线

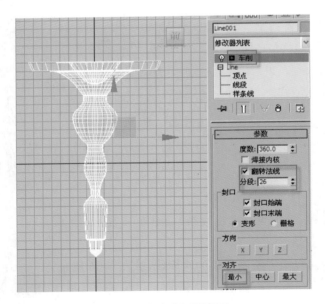

图 3-87　添加"车削"修改

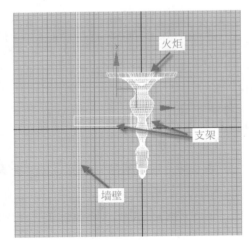

图 3-88　创建火炬支架及背景

⑤ 单击修改列表下"大气和效果"下的"添加"按钮,在弹出的添加大气面板中选择火焰效果。

⑥ 赋给墙壁材质球"漫反射"及"凹凸"贴图通道,如图 3-90 所示贴图。

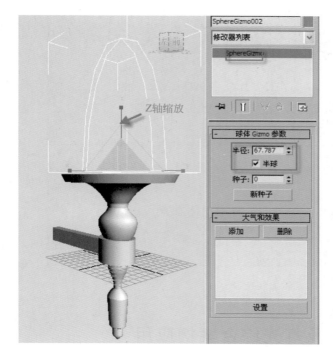

图 3-89　添加球体 Gizmo

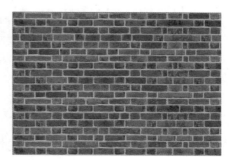

图 3-90　墙壁贴图

⑦ 设定火炬及支架材质，如图 3-91 所示。

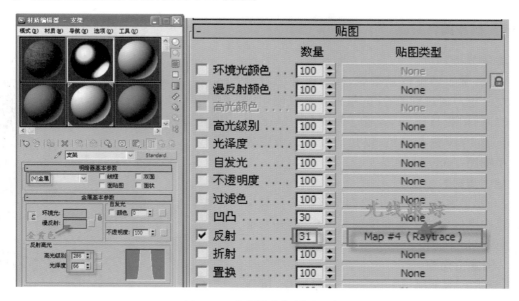

图 3-91　火炬及支架材质设定

⑧ 在场景中设置一盏主光源为聚光灯，辅助光为泛光灯及天光，适当调整灯光参数，再创建一架摄像机调整好摄像机视口的位置，如图 3-92 所示。

⑨ 最后渲染完成，如图 3-85 所示。

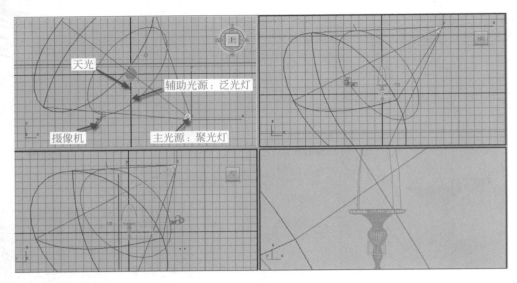

图 3-92   添加灯光

第四节   材质及灯光综合案例应用

一、陶瓷茶壶效果表现

案例   制作陶瓷茶壶

【案例分析】

本案例学习调整陶瓷茶壶、陶瓷茶杯的材质
设置方法,学习通过灯光、反光板的设置及使用以
达到较好的陶瓷材质特征,通过使用 3ds Max 内
置的 mental ray 进行渲染,以达到较好的陶瓷表
现,效果如图 3-93 所示。

【制作步骤】

打开本书案例文件夹中第四章提供的场景文
件,场景中已经创建了配套模型和摄像机,并调节
好了摄像机渲染角度。

1. 创建主光源

由于本案例采用 mental ray 进行渲染,所以
场景中光源采用 mental ray 的区域聚光灯,进入
灯光  创建面板,在下拉式列表中选择"标准"类

图 3-93   陶瓷茶壶效果表现

型的灯光,单击 mr 区域聚光灯 按钮,在场景中创建一盏灯光并调节它的位置,进入"灯光修改列
表"面板,勾选"启用阴影",在"阴影类型"中选择"光线跟踪",展开"强度/颜色/衰减"卷展栏,
将控制灯光强度的"倍增"值改为 0.4,并在"聚光灯参数"适当修改"聚光区/光束"及"衰减区/
区域"的参数,如图 3-94 所示。

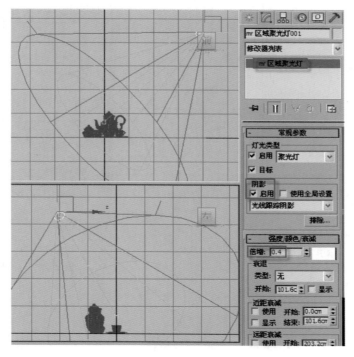

图 3-94　创建主光源

<small>小技巧</small>

　　　　mental ray 区域聚光可以创建出非常柔和的软阴影效果，但由于渲染软阴影需要大量的计算时间，为了提高效率，因此在材质的制作过程中暂时不要设置软阴影参数，待材质制作完毕后再进行软阴影的设置。

2．创建天光

mental ray 渲染器完全支持 3ds Max 的天光系统，配合其特有的"最终聚集"计算方法，能够得到非常好的均匀照明效果。在"标准灯光"创建面板中单击按钮 ▢ **天光** ▢，并将"天光"的"倍增"值调为 0.3。在顶视图中的任意位置单击鼠标创建一盏天光，天光的位置不重要，只要便于选择即可，天光可以均匀地照亮场景中的每个角落，如图 3-95 所示。

3．指定 mental ray 渲染器

单击主工具栏中（渲染设置）按钮 ▢，在"公用"选项卡中展开"指定渲染器"卷展栏，单击"产品级"后面的浏览按钮 ▢，在弹出的选择渲染器对话框中选择"mental ray 渲染器"卷展栏，单击"确定"按钮，这样就将当前渲染器指定为 mental ray 渲染器了。进入"间接照明"选项卡，确保启用"最终聚集"处于勾选状态，单击"渲染"按钮，即可渲染当前场景。此时在灯光的作用下，场景中的物体基本上都显示出来，如图 3-96 所示。

4．陶瓷材质指定

场景中的茶壶和茶杯均采用的是陶瓷材质，陶瓷材质的特点是表面光滑，具有反射属性，并且高光非常强烈。本例讲述最为简单的陶瓷调节方法。

打开"材质编辑器"在材质编辑器中选择第一个材质球，将它赋予场景中的茶壶和茶杯物体，其材质球命名为"瓷器"。首先将"漫反射"颜色调节为淡黄色，参考 RGB 值为（255,253,

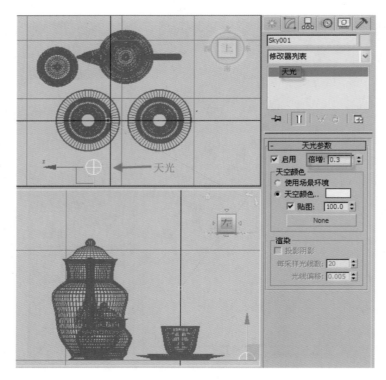

图 3-95　创建天光

图 3-96　指定 mental ray 渲染器

240)，然后将"高光级别"调节为 240，将"光泽度"改为 83，使其出现较高的高光强度和较窄的高光面积；最后展开"贴图"卷展栏，在"反射"通道内贴上"光线跟踪"贴图，并将控制强度的数量值改为 10，使其具备微弱的反射效果。渲染场景后可以观察到茶壶和杯子上的反射和高光现象已经呈现出来了，如图 3-97 和图 3-98 所示。

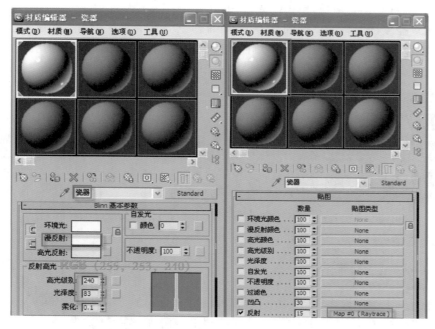

图 3-97　材质设定

5. 水材质的指定

选择材质编辑，选择一个材质球，命名为"水"，材质类型选择"光线跟踪"材质，"漫反射"颜色为 RGB(176,153,119)，水的"折射率"是 1.33，把透明度的颜色打开，透明度值改为 60，如图 3-99 所示。

图 3-98　高光及反射效果

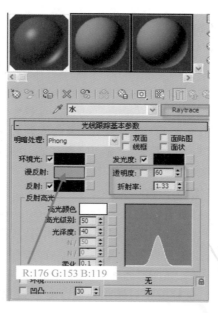

图 3-99　水材质

6. 添加辅助灯光

　　如果渲染可以看出虽然水是透明折射的物质但是非常暗,这里在水的位置添加一盏辅助光源。进入标准灯光创建面板,单击泛光灯按钮,在茶杯水的位置创建一盏泛光灯;进入修改面板,将控制灯亮度的"倍增"值调到 0.3,将灯的颜色同水的漫反射颜色;然后进入"高级效果"卷展栏,取消勾选"高光反射"。再次渲染摄像机视图,可以看到水变清亮了,如图 3-100所示。

图 3-100　水材质的指定

7. 背景和反光板的设置

　　场景中默认渲染背景是黑色的,因为场景中具有反射特性的表面反射的空白区域比较暗,因此可以执行"渲染"下"环境"菜单命令,打开"环境和效果"窗口,将背景颜色更换为白色,再次渲染可以观察到画面亮度增加了。

　　对于存在反射的材质场景,反光板的架设是非常重要的,反光板可以丰富反光物体表面的反光细节,增强表现力,在最终聚集的作用下还能影响场景的亮度。反光板是由长方体组成的,首先创建一个长方体,然后用移动复制的方法进行复制,复制时要选用"实例复制"的方式,为了移动方便可以把它"成组"。选择一个空白材质球,命名为"反光板",将"漫反射"的颜色改为纯白,然后将"自发光"颜色值调到 100,如果亮度不够还可以在漫反射通道中添加一个"输出"贴图,并提高"输出"卷展栏中的"RGB 偏移"值,这里将"RGB 偏移"值设置为 1,如图 3-101 和图 3-102 所示。

8. 输出设置

　　选择场景的主光源,也就是 mental ray 区域聚光灯。进入修改面板,展开"区域灯光参数"卷展栏,将"矩形"灯光的"高度"和"宽度"都调整为 10。单击渲染测试,如图 3-103 所示。

　　在主工具栏中单击(渲染设置)按钮 🖼,打开渲染设置窗口。在"公用"选项卡中提高输出尺寸;进入"渲染"选项卡,提高图像的采样数。最后将"间接照明"中的"最终聚集"预设值级别提高,这样就可以输出成品。参数设置如图 3-104 所示。

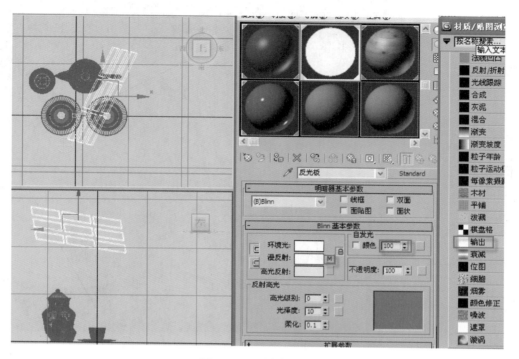

图 3-101　反光板材质

反光板效果

图 3-102　反光板的效果

图 3-103　主光源参数调整

图 3-104　渲染参数调整

二、鼠标—硬质塑料表现

案例 **制作鼠标**

【案例分析】

本案例将制作一套逼真的鼠标材质，鼠标顶面使用遮罩贴图，顾名思义，遮罩贴图就是将一张黑白遮罩图作为图案，将不同的颜色或贴图组合在一起，最终效果如图3-105所示。

【场景分析】

打开本案例提供的场景文件，场景中有一只鼠标和一个鼠标垫模型，场景中已经布置好摄像机，为方便材质命名特在场景标出各部分的材质名称，如图3-106所示。

图3-105　鼠标效果图

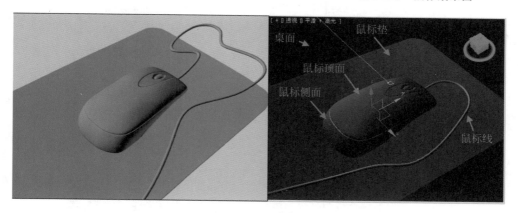

图3-106　鼠标材质名称

【制作步骤】

打开本书"案例文件夹\第三章\场景\鼠标\鼠标-初始.max"文件，场景中已经创建了配套模型。

1. 摄像机创建

调整好透视图，打开安全框，在顶视图上创建一盏目标摄像机，确认在摄像机选定的情况下，右击选择透视图，再点选"视图"菜单下的"从视图创建摄像机"，将透视图切换成摄像机视图，完成摄像机视图的创建，如图3-107所示。

2. 创建主光源

进入灯光的创建面板，在下拉列表中选择标准类型的灯光，按下mental ray区域聚光灯创建一盏灯光并调节它的位置，如图3-108所示。

进入灯光的修改面板，在灯光的参数中确保勾选"启用"了阴影效果，并且在阴影类型的下拉列表中选择"光线跟踪阴影"。展开"强度/颜色/衰减"卷展栏，将控制灯光的强度的"倍增"值改为0.8，并在"聚光灯参数"卷展栏中增大"衰减区"值，约为75，这样可以使灯光的明暗区域变得柔和，没有明显的分界线。

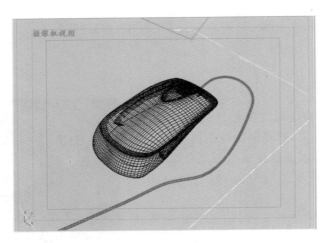

图 3-107　摄像机视图

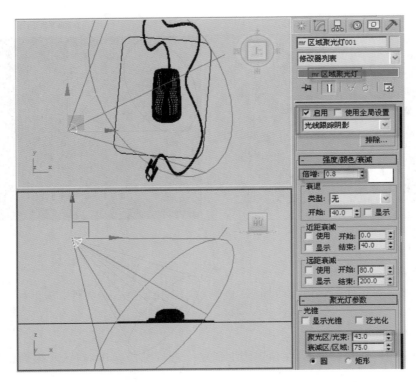

图 3-108　创建主光

【技巧说明】

mental ray 区域聚光灯可以创建出柔和的软阴影效果,但是由于渲染软阴影需要大量的计算时间,为了提高材质测试的渲染速度,在材质的制作过程中暂时不设置软阴影参数,待材质制作完毕再进行软阴影的设置。

1. 创建天光

mental ray 渲染器支持 3ds Max 的天光系统,配合"最终聚集"计算方法,能够为场景提供均匀的照明效果。在标准灯光创建面板中按下"天光"按钮,并将天光的"倍增"值调节为 0.5,接着在任意视图中单击创建一盏天光,天光的位置不重要,只要便于选择即可,如图 3-109 所示。

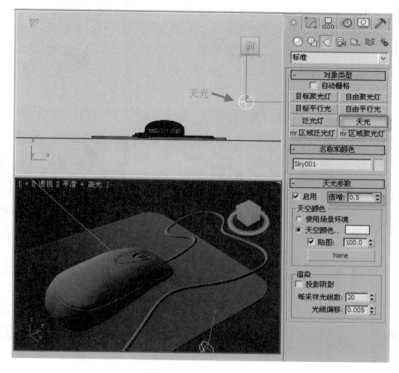

图 3-109 创建天光

2.测试照明效果

mental ray 区域聚光灯可以真实地再现物体表面的明暗调,天光可以产生均匀的场景照明,二者配合使用,即可消除聚光灯照明产生的死黑区域,又能制作出高质量的阴影效果。由一盏 mental ray 区域聚光灯照明的场景明暗效果合理,但是在灯光照射不到的地方会死黑一片,这不符合光线传播的规律;而添加了天光照明之后,如图 3-110 所示,即便在聚光灯照射不到的阴影区域也能看到物体的轮廓了。

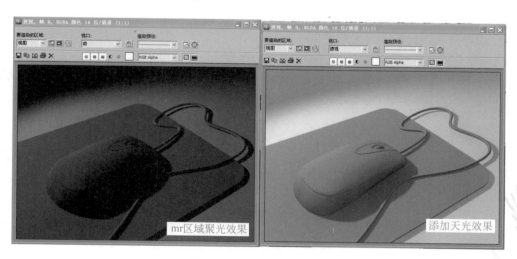

图 3-110 添加天光后效果

3．桌面材质

首先制作桌面的材质，桌面常见是木纹理贴图，在工具栏中单击按钮 打开"材质编辑器"窗口，在材质示例窗中找到名为"桌面材质"的材质球，将它赋予场景中的桌面对象，单击"漫反射"后面的小按钮，打开"材质/贴图浏览器"，在"贴图"下找到"位图"单击打开，找到第三章案例文件夹下鼠标路径，单击"木纹.bmp"贴图，并在"坐标"卷展栏下修改"瓷砖"U 的值为1，V 的值为 3，如图 3-111 所示。

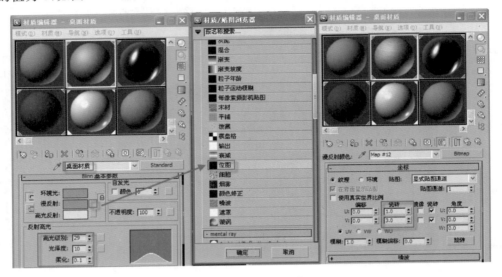

图 3-111　桌面材质

4．鼠标材质

① 首先设定鼠标侧面材质，任选一个材质球将其命名为"鼠标侧面"，在材质"明暗器参数"下，将明暗器参数改为"各向异性"，在"反射高光"下修改"高光级别"值为 120，"光泽度"值为 40，"各向异性"值为 60，"方向"值为−10。

单击"漫反射"右侧的方块按钮，打开"材质/贴图浏览器"，在"贴图"下找到"衰减"贴图，单击打开调整"衰减参数"下的白色色块为紫色，回到顶层级展开"贴图"将反射数值改为 5，单击右侧长按钮打开"材质/贴图浏览器"在"贴图"下找到"光线跟踪"贴图，将调整好的材质赋给鼠标的侧面，如图 3-112 所示。

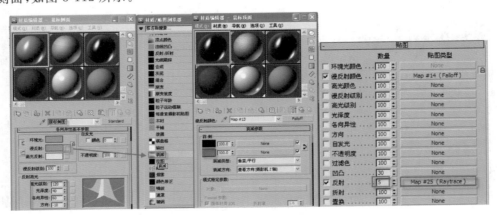

图 3-112　鼠标侧面材质

② 设置鼠标顶面材质,任选一个材质球将其命名为"鼠标顶面",在材质"明暗器参数"下,将明暗器参数改为"各向异性",在"反射高光"下修改"高光级别"值为 120,"光泽度"值为 40,"各向异性"值为 60,"方向"值为－10,展开"贴图"将反射数值改为 10,单击右侧长按钮,打开"材质/贴图浏览器",在"贴图"下找到"光线跟踪"贴图。

单击"漫反射"右侧的方块按钮打开,"材质/贴图浏览器",在"贴图"标准找到"遮罩"贴图,在"遮罩参数"下,单击"贴图"右侧的长按钮,打开"材质/贴图浏览器",在"贴图"下找到"位图"后单击找到"本书案例\第三章\鼠标\鼠标.bmp"文件,如图 3-113 所示。

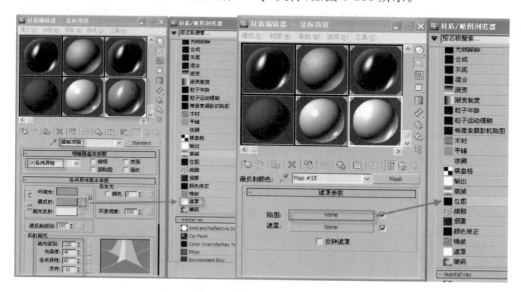

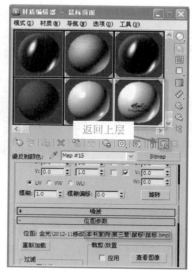

图 3-113　遮罩

在图 3-113 上单击返回上层,在"遮罩参数"卷展栏下单击"遮罩"右侧的长按钮,打开"材质/贴图浏览器",在"贴图"下找到"位图"后,单击找到"本书案例\第三章\鼠标\遮罩.bmp"文件,将制作好的材质球赋给鼠标的顶面,如图 3-114 所示。

图 3-114　设定遮罩

这时鼠标的标志没有正确地显示在鼠标的顶面,需要选中鼠标的顶面,然后单击 按钮,在修改器列表中添加 UVW 贴图,单击"UVW 贴图"前面的＋号展开选中"Gizmo"选项,利用移动、缩放工具将标志调整到所需要的位置,如图 3-115 所示。

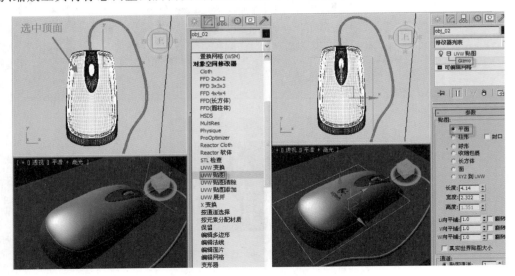

图 3-115　添加 UVW 贴图

5. 鼠标线及鼠标垫材质

① 任选一个材质球将其命名为"鼠标线",单击"漫反射"右侧色块将颜色调整为白色,修改"反射高光"下的高光级别值为 82,光泽度值为 52,将调整好的材质球赋给鼠标线,如图 3-116 所示。

② 任选一个材质球将其命名为"鼠标垫",单击"漫反射"右侧小按钮,打开"材质/贴图浏览器"在"贴图"标准下找到"位图",单击打开找到"第三章\案例文件夹"下鼠标路径,单击"鼠标垫.bmp"贴图,展开"贴图"卷展栏,单击凹凸右侧的长按钮,打开"材质/贴图浏览器",在"贴图"标准下找到"凹痕",在"凹痕参数"下调整"大小"值为 5,将调整好的材质球赋给鼠标垫,如图 3-117 所示。

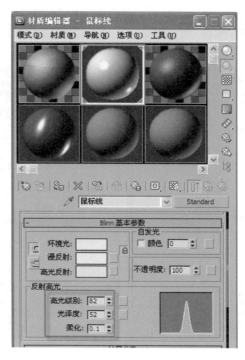

图 3-116　鼠标线材质

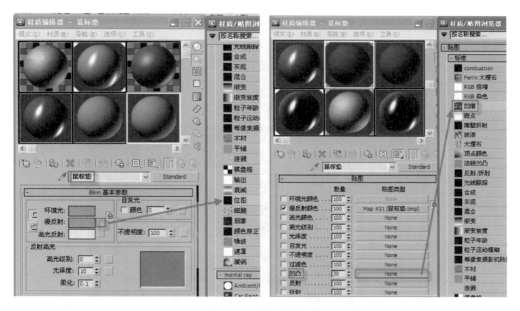

图 3-117　鼠标垫材质

6. 渲染设置

至此该场景的模型、灯光、材质都制作完成了，单击主工具栏中的（渲染设置）按钮，打开渲染设置窗口，在"公用"选项卡中提高画面的渲染尺寸，然后进入"光线跟踪器"选项卡，勾选"全局光线抗锯齿器"中的"启用"选项，这样单击"渲染"按钮，就能输出高质量的画面效果了，如图 3-118 所示。

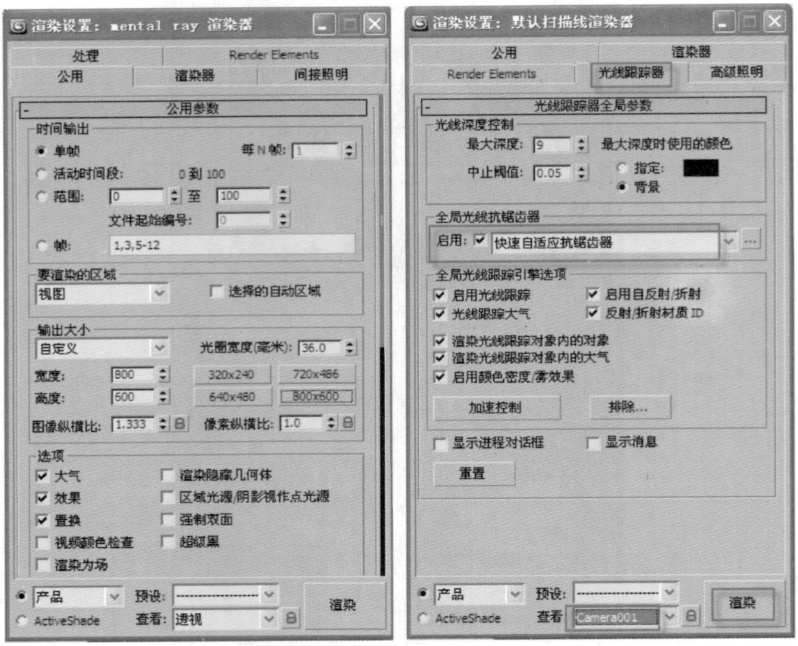

图 3-118　渲染输出设置

三、静物材质效果表现

【案例分析】

本案例为一组静物，包括金质餐勺、不锈钢刀具、鸡蛋、玻璃器皿、苹果、纸盘、衬布等内容，本案例重点讲述玻璃、金属、蛋壳、布艺材质的设置方法，最终效果如图 3-119 所示。蛋壳使用双面材质

图 3-119　静物效果图

【制作步骤】

打开配套路径本书案例第三章提供的场景文件，场景中已经创建了配套模型。同时场景中已经建立了摄像机。

1. 创建主光源

　　进入灯光的创建面板，在类型下拉列表中选择"标准"灯光，单击按钮 ▣目标聚光灯，在场景中拖曳鼠标，创建一盏标准的目标聚光灯，并在各个视图中调节它的位置，进入灯光修改面板，在灯光的参数中"启用"阴影效果，并且在"阴影类型"的下拉列表中保持阴影贴图不变。展开"强度/颜色/衰减"卷展栏，将控制灯光的"倍增"值保持 0.8，并在"聚光灯参数"卷展栏中增大聚光区和衰减区的值，设置"聚光区/光束"值为 42 左右，"衰减区/区域"值为 68，使灯光的明暗区域变得更加柔和，没有明显的分界线，如图 3-120 所示位置。

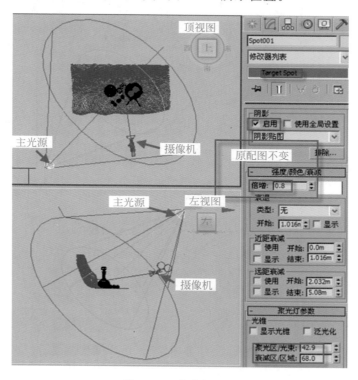

图 3-120　主光源创建

2. 背光源

　　选择场景中主光源，按住 Shift 键并配合移动工具复制出一盏相同的灯光，并且调节它的位置。使其位于主光源的相对位置，进入灯光的修改面板，去掉阴影参数中的"启动"选项，将"倍增"值改为 0.3，如图 3-121 所示。

3. 辅助光源

　　选择场景中主光源，按住 Shift 键并配合移动工具复制出两盏相同的灯光。并且调节它的位置。使其位于主光源的相对位置，如图 3-122 所示。进入灯光的修改面板，去掉阴影参数中的"启用"选项，将"倍增"值改为 0.3。

4. 制作材质

　　按下 M 键打开材质编辑器，依次选择不同的材质球，分别命名为"金属"、"玻璃"、"蛋壳"、"红苹果"、"绿苹果"、"纸盘"及"背景布"，并将材质球分配给对应的模型，如图 3-123 所示。

　　(1) 金属材质调整

　　① 选择命名为"金属-金色"的材质球，在"明暗器基本参数"卷展栏中，选择"金属"，不要锁

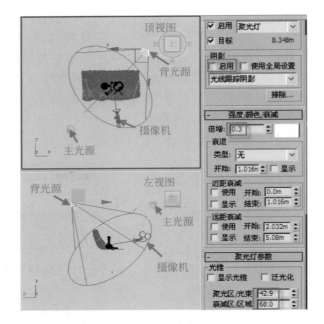

图 3-121　背光源

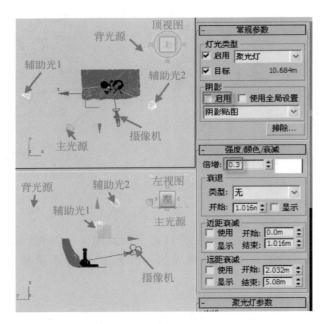

图 3-122　辅助光源创建

定"环境光"和"漫反射"颜色,使按钮 处于弹起状态,调整"环境光"颜色 RGB(255,221,0),调整"漫反射"颜色的 RGB(198,121,0),调整"高光级别"为 100,"光泽度"为 80,如图 3-124 所示。

　　② 打开"贴图"卷展栏,勾选"自发光"选项,调整"数量"值为 80,单击右侧的长按钮,打开"材质/贴图浏览器",选择"衰减",打开"混合曲线"卷展栏,选择右上方的节点右击在展开的快捷菜单中选择"Bezier-角点"调整贝兹杠杆,如图 3-125 所示。

图 3-123　材质名称分配

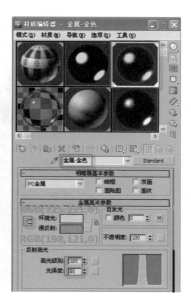

图 3-124　金属材质调整

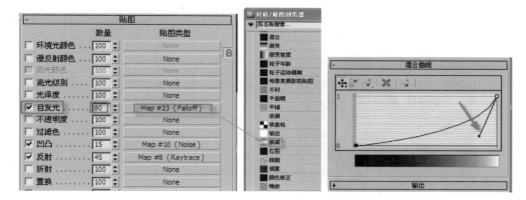

图 3-125　自发光参数调整

③ 打开"贴图"卷展栏，勾选"凹凸"选项，调整"数量"值为 15，单击右侧的长按钮，打开"材质/贴图浏览器"，选择"噪波"，打开"噪波参数"卷展栏，调整"大小"值为 3.0，如图 3-126 所示。

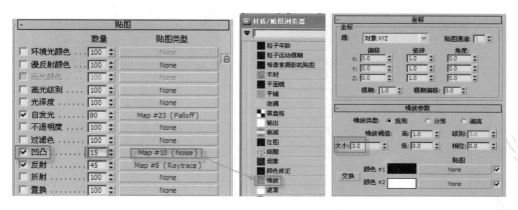

图 3-126　凹凸参数调整

④ 打开"贴图"卷展栏,勾选"反射"选项,调整"数量"值为45,单击右侧的长按钮,打开"材质/贴图浏览器",选择"光线跟踪",如图 3-127 所示。

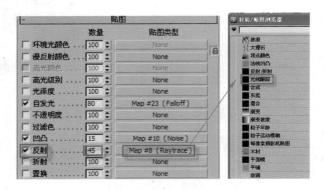

图 3-127　反射参数调整

⑤ 将命名为"金属-金色"的材质球拖曳复制到另一个材质球中,重新命名为"金属-银色",调整环境光颜色的 RGB(255,255,0),调整"漫反射"颜色的 RGB(0,0,64)其他参数同"金属-金色"材质球,如图 3-128 所示。

(2) 蛋壳材质调整

蛋壳材质分正面与反面,因此在蛋壳模型上使用了双面材质,如图 2-129 所示。

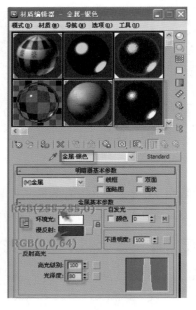

图 3-128　金属材质调整

图 3-129　蛋壳

选择命名为"蛋壳"的材质球,单击材质类型长按钮 Standard ,打开"材质/贴图浏览器"选择 双面 材质,在"替换材质"面板中勾选"丢弃旧材质",单击"确定"按钮后,如图 2-130所示。

① 正面材质:单击"双面基本参数"展开面板下的"正面材质"右侧的长按钮,打开材质编辑器,在"明暗器基本参数"卷展栏中,选择"半透明明暗器",锁定"环境光"和"漫反射"颜色,使

按钮 ⓒ 处于按下状态,调整"漫反射"颜色 RGB(222,195,173),调整"高光级别"为 40,"光泽度"为 25,调整"半透明"项目下的"半透明颜色"为 RGB(29,19,10)。单击"高光级别"右侧的小按钮,打开"材质/贴图浏览器",选择"细胞",打开"细胞参数"卷展栏,调整"细胞特性"项目下的大小值为 0.005,如图 3-131 所示。

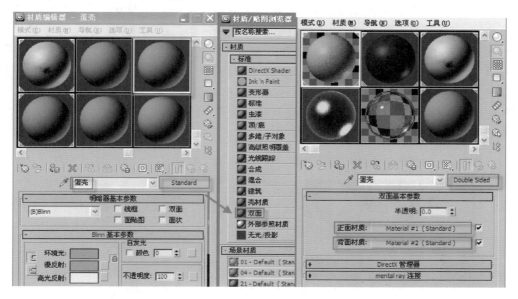

图 3-130　双面材质

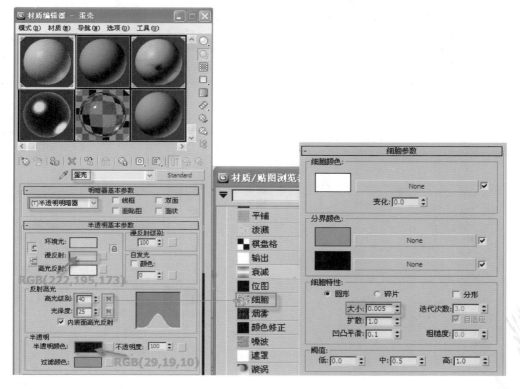

图 3-131　蛋壳材质调整

打开"贴图"卷展栏,将"高光级别"下调整好的细胞贴图实例分别复制到"光泽度"及"凹凸"贴图类型按钮中,调整"光泽度"数量值为25,调整"高光级别"数量值为10,调整"凹凸"数量值为30,如图3-132所示。

② 反面材质:单击"双面基本参数"展开面板下的"背面材质"右侧的长按钮,打开材质编辑器,在"明暗器基本参数"卷展栏中选择"半透明明暗器",展开"半透明基本参数"卷展栏,设置漫反射颜色值R:240,G:230,B:218,设置自发光颜色值R:56,G:49,B:39,设置半透明颜色值R:32,G:32,B:13,设置过滤颜色值R:128,G:128,B:128,如图3-133所示。

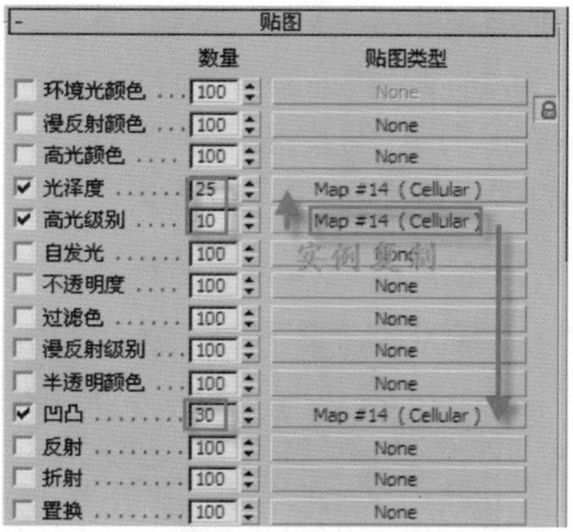

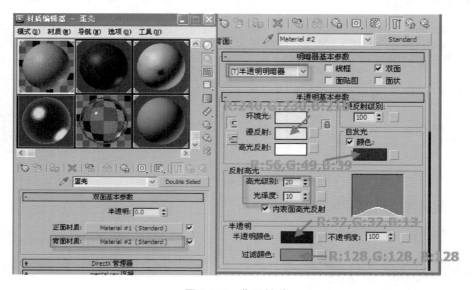

图 3-132　复制贴图

图 3-133　背面材质

展开"贴图"卷展栏,单击"凹凸"右侧的长按钮打开"材质/贴图浏览器",选择"细胞"并在"细胞参数"卷展栏下调整"大小"为0.5,如图3-134所示。

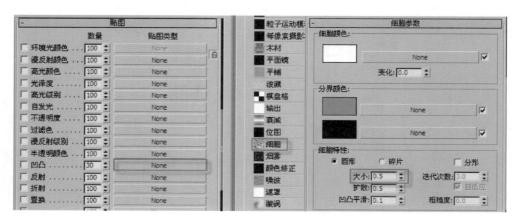

图 3-134　细胞参数设置

至此完成蛋壳的正面及背面的材质设置，将完成好的蛋壳材质赋给蛋壳模型。

（3）玻璃材质调整

选择命名为"玻璃"的材质球，在"明暗器基本参数"卷展栏中，选择"Phong"，单击材质类型按钮，在弹出的"材质/贴图浏览器"中选择"光线跟踪"材质类型，打开"漫反射"旁边的颜色按钮，将颜色调整为纯黑，打开"透明度"旁边的颜色按钮将颜色调整为纯白，将"折射率"值调为1.6，"高光级别"值为250，光泽度值为80，如图3-135所示。

展开"贴图"卷展栏，将"反射"的贴图类型选择为"衰减"，并将"反射"数量值改为60，如图3-136所示。

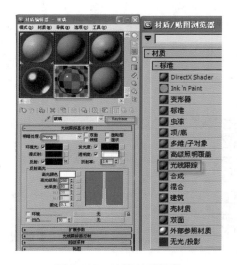

| 图 3-135 玻璃材质调整 | 图 3-136 反射贴图设置 |

（4）苹果材质

① 选择命名为"红苹果"的材质球，在"明暗器基本参数"卷展栏中，选择"Phong"，把"高光级别"值为30，"光泽度"值为20，如图3-137所示。"绿苹果"材质设置同"红苹果"的材质。

② 展开"贴图"卷展栏，单击"漫反射颜色"右侧的长按钮，打开"材质/贴图浏览器"选择"位图"，找到配套路径本书案例第三章提供的贴图路径，选择"苹果表面1.jpg"，如图3-138所示。

③ 将"漫反射颜色"的贴图类型拖动"实例复制"到"凹凸"右侧的长按钮上，将凹凸的"数量"改为10，如图3-139所示。

④ 展开"贴图"卷展栏，单击"反射"右侧的长按钮，打开"材质/贴图浏览器"选择"衰减"，将"反射"数量调整为40，如图3-140所示。

⑤ 在"衰减参数"卷展栏下单击白色色块右侧的长按钮，打开"材质/贴图浏览器"，选择"光线跟踪"，在"混合曲线"卷展栏中选择右侧的节点右击打开快捷菜单，

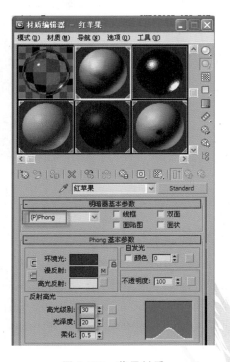

图 3-137 苹果材质

选择"Bezier-角点",调节控制杆,如图 3-141 所示。

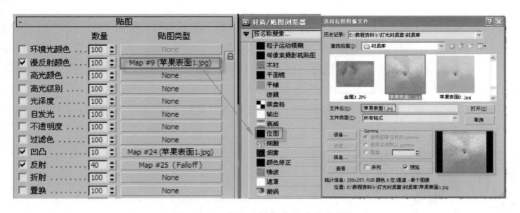

图 3-138　"漫反射颜色"贴图设置

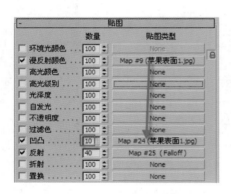

图 3-139　凹凸贴图设置

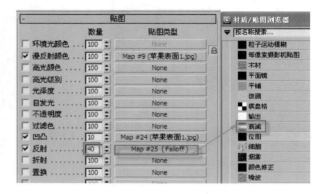

图 3-140　反射贴图设置

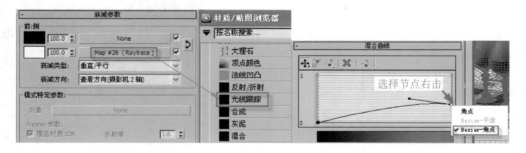

图 3-141　衰减参数设置

（5）背景布艺材质

选择命名为"背景布"的材质球,在"明暗器基本参数"卷展栏中,选择"Blinn",设"高光级别"值为 19,"光泽度"值为 10,如图 3-142 所示。

展开"贴图"卷展栏,单击"漫反射颜色"右侧的长按钮,打开"材质/贴图浏览器"选择"位图",在光盘提供的贴图文件夹中选择"BW-032.jpg",如图 3-143 所示。

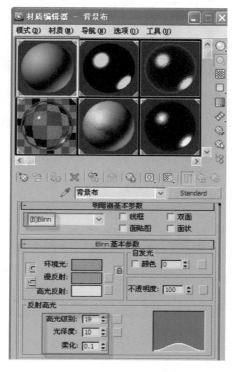

图 3-142　背景布艺材质设置

图 3-143　"漫反射颜色"贴图设置

（6）纸盘材质

选任意材质球命名为"纸盘"，设置"漫反射"颜色为白色，"高光级别"为 19，"光泽度"为 10 即可，如图 3-144 所示。

5. 渲染

选择菜单"渲染"下渲染设置，打开渲染设置面板，选择公用面板下"指定渲染器"，在"产品级"选项打开选择"默认扫描线渲染器"，在"输出大小"选择"35mm 1.66：1（电影）"，"宽度"为 4096，"高度"为 2458，选择"渲染器"面板，在全局超级采样下勾选启用"全局超级采样器"，选择"Max 2.5 星"，选择摄像机视图进行渲染，如图 3-145 所示。

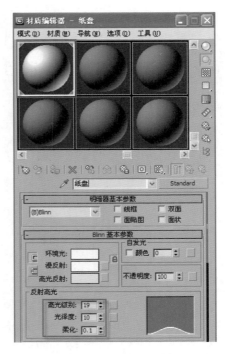

图 3-144　纸盘材质

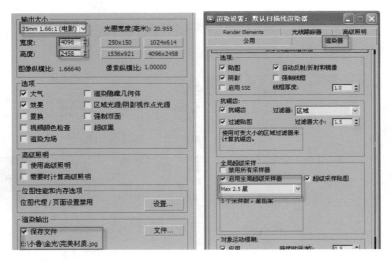

图 3-145　渲染输出设置

四、mental ray 车漆材质——汽车

案例 为汽车加材质

【案例分析】

本案例为一辆汽车赋予材质。这是一个成熟的工业产品渲染案例,模型的结构非常复杂,汽车的每一个零件都是用网格对象组合而成的。即使这样,我们不能知难而退,经过仔细分

析,理清制作思路,就能从中找出简单而快速的方法,从而渲染出照片级的效果,如图 3-146 所示。

图 3-146　汽车

【场景分析】

打开本书案例下第三章"汽车"文件夹所提供的场景文件。这是一个马自达品牌的汽车模型,该汽车模型各个部分的零部件都是一个独立的模型物体,这样给汽车材质的设定和调节提供了方便,如图 3-147 所示。

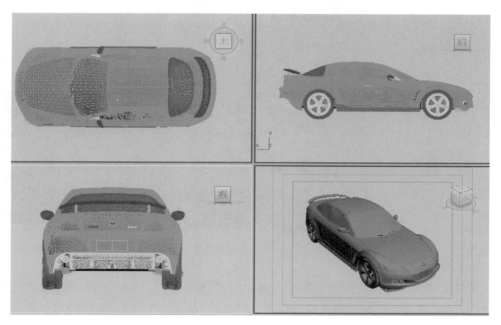

图 3-147　汽车模型

【制作步骤】

(1) 指定渲染器

首先将渲染器指定为 mental ray。按 F10 键打开"渲染设置"窗口,在"指定渲染器"卷展栏中,单击按钮 在弹出的"选择渲染器"对话框中选择"mental ray 渲染器"。选择"间接照明"选项卡,取消勾选"启用最终聚集",如图 3-148 所示。

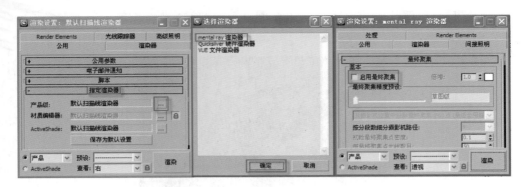

图 3-148　指定 mental ray 渲染器

（2）创建灯光

① 创建主光源。在顶视图中创建一盏"ment 区域聚光灯"作为主光源并调节它的位置；然后在修改面板中启用阴影，采用"光线跟踪阴影"类型方式，主光的"倍增"值设置为 0.8，在"聚光灯参数"中勾选"泛光化"选项，将"衰减区/区域"值改为 60；进入"阴影参数"卷展栏，将"阴影密度"值改为 0.7，如图 3-149 所示。

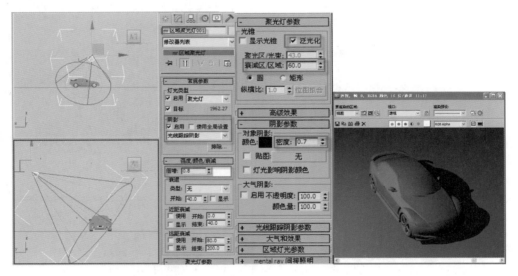

图 3-149　主光源设置

② 复制出辅光。选择刚刚创建的主光源，使用"选中并移动"工具 ，配合 Shift 键复制出一盏灯光并调整它的位置。进入修改面板，将"倍增"值改为 0.4，关闭"阴影"中的"启用"选项，其余参数均与主源相同，如图 3-150 所示。

（3）车漆材质

① 制作车漆材质。车漆是汽车表面上面积最多的材质，在 mental ray 中有专门用来表现车漆效果的材质类型，它包括清漆层、金属片和尘土层三部分，可以真实地再现实际汽车表面的烤漆效果。本案例中仅调节简单的清漆效果。

在材质编辑器中，选择名称为"车漆"的材质球，单击右上角的 Standard（标准）类型按钮，在弹出的"材质/贴图浏览器"中双击 Car PaintMaterial（车漆）材质。在 Diffuse Coloring（漫反

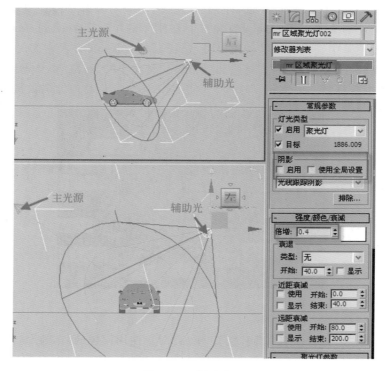

图 3-150　辅助光源

射颜色)卷展栏中将 Base Color 改为黑色,其 RGB 为(15,15,15);然后将 Light Facing Color
(向光颜色)设置为灰色,其 RGB 为(183,183,183)。

　　在 Flakes(金属片)卷展栏中将 Flakes Weight(金属片权重)设置为 0,这样就消除了车漆
内部的金属片反光作用。

　　在接下来的 Specular Reflections(高光反射)的设置中,将 Specular Weight ♯1 和
Specular Weight ♯2 分别设置为 0.1 和 0.15,这样就降低了高光反射的强度,如图 3-151
所示。

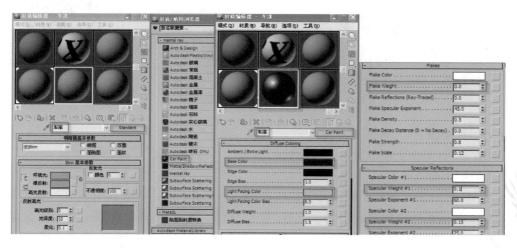

图 3-151　车漆材质设置

② 复制车漆材质。在汽车的其他零件中，也包括很多车漆材质，此时可以采用复制粘贴的方式，将汽车其他部分的车漆材质设置完成。在刚才的"车漆"材质的 Car Paint 按钮上右击，从弹出的右键菜单中选择"复制"选项，然后选择其他材质球，查看它们的子材质中是否有"车漆"的名称，例如在"金属附属物"材质和"前车盖"材质中的"车漆"部分通道按钮上右击，从弹出的右键菜单中选择"粘贴（实例）"选项。本案例汽车各部位材质命名如图 3-152 所示。

图 3-152　汽车各部材质名称

使用上述方法，在"前保险杠"、"车身"、"车后部"上使用同样的"车漆"材质。

（4）添加 HDR 环境

车漆材质中内置的清漆效果有着明显的反射性质，为了丰富反射效果，可以在背景环境中添加一个 HDR 贴图。

执行"渲染"下"环境"菜单命令，打开"环境和效果"窗口，在"环境贴图"通道中贴入配套路径中提供的一张名为"hjtt.hdr"的 HDR 贴图。打开材质编辑器，将"环境贴图"通道中的贴图以"实例"的方式拖曳到材质编辑器的一个空材质球上，在材质编辑器的设置中，将环境贴图方式改为"球形环境"，如图 3-153 所示。

图 3-153　添加 HDR 环境

渲染当前场景，可以观察到在没有添加 HDR 贴图前，车漆反射的都是黑色背景，而添加了 HDR 背景后，车漆表面的反射细节丰富起来，如图 3-154 所示。

（5）添加反光板材质

虽然 HDR 贴图背景对于表现反射性质起到了一定作用，但是场景中还缺少必要的高光反射。此时可以在场景中架设多块反光板，以烘托汽车车漆的亮丽质感。反光板的架设没有固定模式，一般利用多块长方体架设到场景周围，然后进行场景测试，直到得到满意效果为止。

图 3-154 添加 HDR 效果比较

上述场景中已经架设好了反光板，右击，在弹出的四元菜单中选择"按名称取消隐藏"选项，在弹出的取消隐藏对象面板中选择"反光板"，将其显示出来。

反光板的材质一般都使用相同材质即可，任选一个材质球取名为"反光板"，将"漫反射"颜色改为白色，将"自发光"值改为100，如果亮度不够，还可以在漫反射通道中加入一个 Output "输出"贴图，并提高"RGB 偏移"值，如图 3-155 所示。

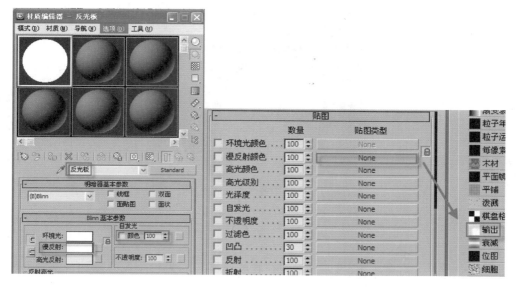

图 3-155 反光板材质

（6）轮胎材质

① 车圈金属。设定一个材质球名称为"车圈金属"，将它的材质类型改为 mental ray，然后为"曲面"通道添加一个 Metal(金属)明暗器。在 Metal 明暗器设置中，将 Surface Material 的颜色 RGB 改为(0.05，0.094，0.173)，这是一种较深的蓝色；接着将 Reflect Color 的颜色 RGB 改为(0.906，0.906，0.914)，这是一种非常浅的蓝色，渲染效果如图 3-156 所示。

② 橡胶轮胎材质。场景模型中橡胶轮胎分两部分：轮胎正面(rubber)，轮胎侧面(front rubber)。轮胎正面赋予了圆柱形 UVW 贴图，轮胎侧面赋予了平面 UVW 贴图。现将这两个模型独立出来，如图 3-157 所示。

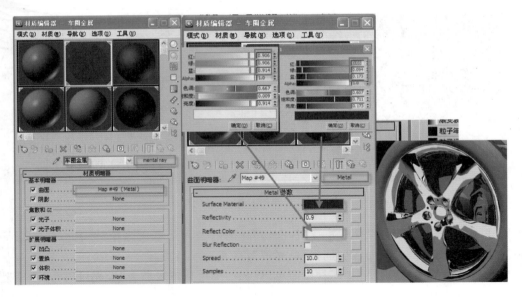

图 3-156　车圈金属

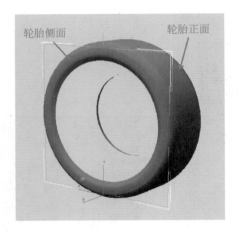

图 3-157　轮胎正、侧面

　　选两个材质球分别命名为"轮胎正面"及"轮胎侧面",因为轮胎上的橡胶材质具有明显的高光反射和凹凸理纹,在这里使用标准材质表现即可。

　　进入轮胎正面材质球,在明暗基本参数的下拉列表中选择"多层"类型,然后在第一高光反射层中将"级别"值设置为31,"光泽度"值设置为63;在第二高光反射层中将"级别"值设置为15,"光泽度"值设置为6。展开"贴图"卷展栏,在"凹凸"通道中贴入配套路径"本书案例\第三章\汽车文件夹"下提供的一张名称为"tire.jpg"文件的黑白纹理图案,在"坐标"卷展栏下将"角度"W 改为 90,如图 3-158 所示。

　　将"轮胎正面"材质球复制到另一个未使用的材质球上,改名为"轮胎侧面",在"贴图"卷展栏下单击"漫反射颜色"右侧的长按钮打开"材质/贴图浏览器",选择"位图"贴入配套路径"本书案例\第三章\汽车文件夹"下提供的一张名称为"tire-texture-1b.jpg"文件黑白纹理图案。最终渲染轮胎效果如图 3-159 所示。

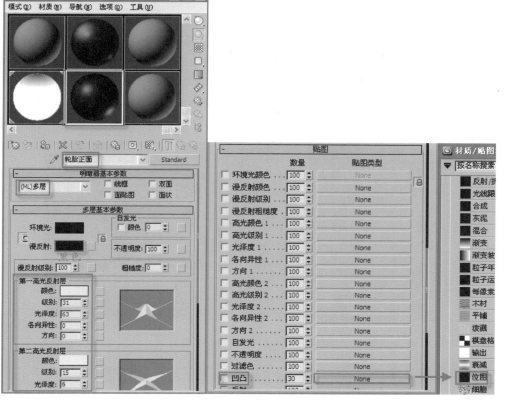

图 3-158　轮胎正面材质

图 3-159　轮胎正面材质及轮胎效果

③ 刹车片组成材质。刹车片组成分刹车"制动盘"和"刹车片"两部分,它们都是金属材质。其区别在于制动盘采用红色金属。选择空材质球命名为"刹车片",将上面制作好的"车圈金属"材质复制过来即可。

选择另一个空材质球命名为"制动盘",这里用标准材质表现。在"明暗器基本参数"的下拉菜单中选择"金属"类型,然后将"漫反射"颜色的 RGB 设置为(196,38,38),这是一种深红色;接着将反射高光中的"高光级别"和"光泽度"分别设置为 217 和 92,使它们有着较高的高光和较小的高光面积;最后在"反射"通道中添加一个 Raytrace(光线跟踪)贴图,将它们的"数量"值改为 50,以弱化反射程度,渲染效果如图 3-160 所示。

图 3-160　制动盘、刹车片材质

(7)汽车标识材质

散热栅格前有一个类似电镀的马自达标志,将制作好的"车圈金属"材质复制过来,并将 Reflect Color 改为 RGB 标识即可。

(8)玻璃及附属材质

玻璃上的附属物由不同的模型组成,包括玻璃上的雨刷器、玻璃及玻璃上的密封等。

① 雨刷器。雨刷类似软塑料材质,因此将它的"漫反射"颜色改为黑色,并将"高光级别"提高到 27 左右,使其有些微弱的高光,如图 3-161 所示。

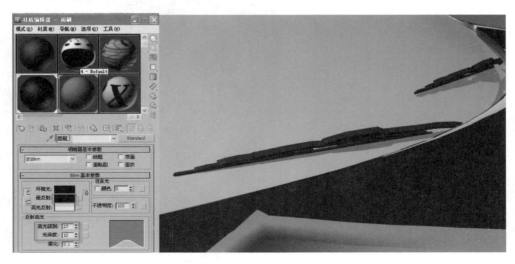

图 3-161　雨刷材质

② 侧风挡玻璃密封条。侧风挡玻璃密封条也是黑色橡胶材质，可将"雨刷"复制即可，如图 3-162 所示。

③ 侧后玻璃。车身侧后面的玻璃是透明材质，这里使用 Raytrace（光线跟踪）材质来调节。选择一个空白材质球命名为"侧后玻璃"，将标准材质改为光线跟踪材质。在 Raytrace（光线跟踪）材质中，将透明度设置为 RGB(57,57,57)，将"高光级别"设置为 0，然后在"反射"材质中加入一个 Falloff"衰减"贴图，并且将"衰减类型"设置为 Fresnel（菲涅尔）方式，如图 3-163 所示。

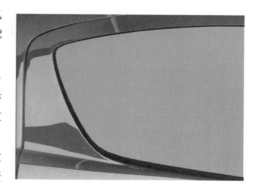

图 3-162　密封条

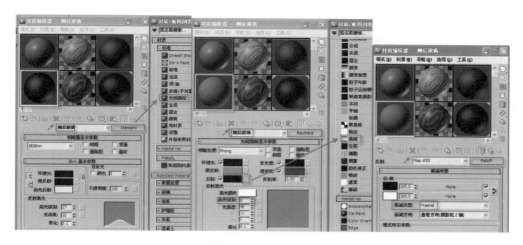

图 3-163　侧后玻璃

④ 前后风挡玻璃。汽车前面的风挡与刚调节的"侧后玻璃"基本一致，它的透明度比"侧后玻璃"稍微高一些，其 RGB 参考值(62,62,62)，如图 3-164 所示。

（9）车灯材质

车灯材质分两部分，即灯泡金属材质和小灯泡材质，材质命名如图 3-165 所示。

图 3-164　前后风挡玻璃材质

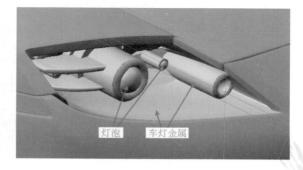

图 3-165　车灯材质命名

① 灯泡金属材质。灯泡金属部分藏匿在车灯组合的内部，因此只需将在"轮胎"材质中调节的"车圈金属"材质复制过来即可，如图 3-166 所示。

② 小灯泡材质。车灯内部的小灯泡是一种黄色透明玻璃材质,因此这里也可采用 Raytrace(光线跟踪)材质表现。首先将它的材质类型改为 Raytrace(光线跟踪)材质,然后将它的"漫反射"颜色改为黄色,RGB 值为(255,141,0),将"透明度"的 RGB 值为(226,226,226),如图 3-167 所示。

（10）车前散热栅格材质

① 散热栅格及转向灯。散热栅格主体采用镀络材质,能够凸显汽车的豪华和高档。选一材质球命名为"镀络",将明暗处理改为"Phong",

图 3-166　灯泡金属效果

材质类型改为 Raytrace(光线跟踪)材质,然后将它的"漫反射"颜色改为黄色,RGB 值为(223,223,223),"反射"值改为 50,"高光级别"值改为 50,"光泽度"值改为 40,将调整好的材质赋给对应的模型,如图 3-168 所示。

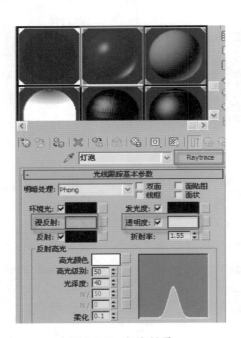

图 3-167　灯泡材质

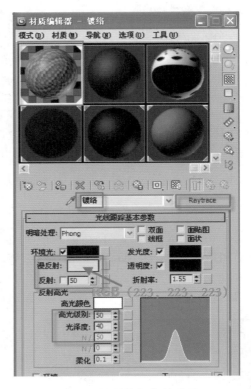

图 3-168　散热栅格材质图

② 车牌。车牌的材质只要用一张位图表现即可。选一个材质球命名为"车牌"在它的"漫反射颜色"和"凹凸"通道中贴入本书案例"第三章汽车文件夹下"提供的"Rx.jpg"车牌图案位图即可,并且适当提高"凹凸"通道的"数量值"。接着将它的"高光级别"设置为 48,"光泽度"设置为 56,使其具备较高的高光和较小的高光面积,效果如图 3-169 所示。

（11）后视镜

后视镜可采用"镀络"材质即可,效果如图 3-170 所示。

图 3-169　车前散热栅格材质效果　　　　　　　图 3-170　后视镜

（12）后部材质总成

① 后灯罩玻璃。后灯罩采用同前灯罩同样的玻璃材质即可。

② 后灯金属背景。后灯金属背景材质采用同轮胎的"钢圈"材质即可

③ 后灯泡。后灯泡采用 Raytrace（光线跟踪）材质然后将它的"漫反射"颜色改为红色，RGB 值为（207,8,8），"高光级别"值改为 50，"光泽度"值改为 40，效果如图 3-171 所示。

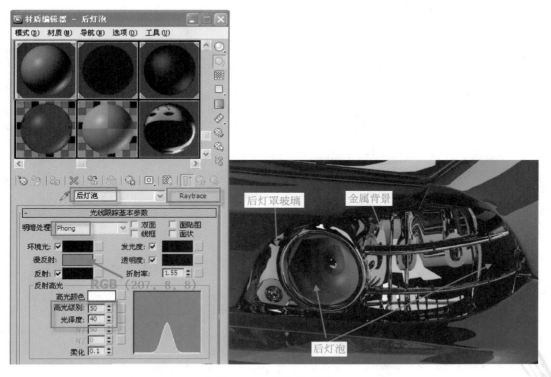

图 3-171　后灯泡材质

④ 双侧排气管。双侧排气管材质采用同轮胎的"钢圈"材质即可。

（13）方向盘、座椅材质

方向盘、座椅采用"雨刷"相同的材质即可，如图 3-172 所示。

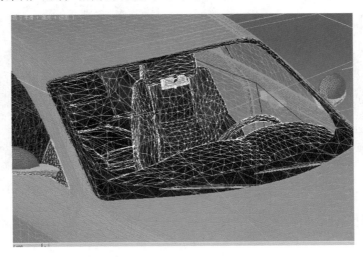

图 3-172 方向盘、座椅材质

（14）总体测试并输出图像

测试完成后即可调整图形的输出参数进行最终的成品渲染。选择场景中的主光源，在"区域灯光参数"卷展栏中将"高度"和"宽度"值设置为 150，将采样 UV 均设置为 12，这样可以渲染出高质量的软阴影效果。

打开"渲染设置"面板，在"公用"选项卡中提高渲染图的尺寸，然后进入"渲染器"选项卡，提高"每像素采样数"中的"最大值"和"最小值"，这样可以进行最终的成品渲染，如图 3-173 所示。

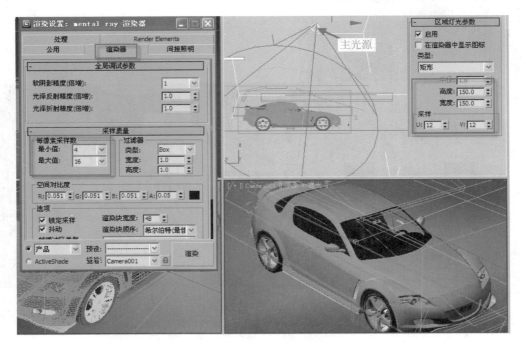

图 3-173 输出图像

本 章 小 结

　　本例是成品渲染中大型的成熟案例。虽然模型复杂、制作过程烦琐,但是材质调整并不难,只要把握好金属、塑料、玻璃材质制作方法,并且适当地改变它们的颜色、反射、透明度、高光和自发光性质,就能调节出不同效果,使其达到逼真的效果。另外在材质调节中要重视灯光、反光板及环境背景的作用。

课 堂 实 训

　　1. 完成如图 3-174 所示的游戏场景中蘑菇的建模、材质、灯光制作。

任务:

(1) 利用几何体球体、圆柱体转为可编辑的多边形进行模型的创建。

(2) 利用长方体转为可编辑的多边形进行蘑菇根部草的创建。

(3) 设定蘑菇材质。

(4) 灯光及摄像机的设置。

(5) 渲染输出为图片格式的文件。

图 3-174　蘑菇

　　2. 打开本书提供第三章"习题"文件夹所提供的场景文件及贴图,完成如图 3-175 所示的迷你电风扇的材质灯光的制作。

任务:

(1) 迷你风扇硬塑料材质设置。

(2) UVW 贴图坐标设置标志的位置。

(3) 和 hdr 环境贴图及反光板的使用。

(4) 灯光及摄像机的设置。

(5) 渲染输出为图片格式的文件。

图 3-175　迷你电风扇

3. 打开本书提供第三章"习题"文件夹中场景文件及贴图,完成如图 3-176 所示的金鱼的材质灯光的制作。

任务:

(1) UVW 贴图坐标设置金鱼的身体。

(2) UVW 贴图坐标设置金鱼的鱼鳍部分。

(3) 建立适当的灯光及摄像机。

(4) 渲染输出为图片格式的文件。

图 3-176　金鱼

4. 打开本书提供第三章"习题"文件夹中场景文件及贴图,完成如图 3-177 所示的茶几的材质灯光的制作。

任务:

(1) 完成玻璃茶几台面材质设置。

(2) 完成茶几四个立柱的金属材质设置。

(3) 完成茶几下部木纹材质的设置。

(4) 完成地面材质的设置。

(5) 建立适当的灯光照明。

(6) 渲染输出为图片格式的文件。

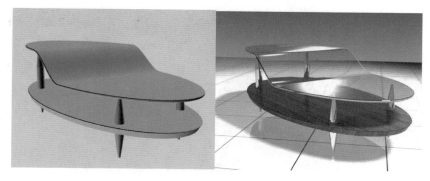

图 3-177　茶几

5．打开本书提供第三章"习题"文件夹中场景文件及贴图，完成如图 3-178 所示的欧式椅子的材质灯光的制作。

任务：

（1）完成欧式椅子的靠背、装饰线、滚轮的多维子材质设置。

（2）完成欧式椅子的靠背、坐垫部分布艺材质设置。

（3）完成地面材质的设置。

（4）建立适当的灯光照明。

（5）渲染输出为图片格式的文件。

图 3-178　欧式椅子

6．打开本书提供第三章"习题"文件夹中场景文件及贴图，完成如图 3-179 所示的一套龙纹茶杯的材质灯光的制作。

任务：

（1）完成龙纹茶杯的材质设置。

（2）分别完成龙纹茶杯的 UVW 贴图坐标设置。

（3）完成桌面材质的设置。

（4）建立适当的灯光照明。

（5）渲染输出为图片格式的文件。

图 3-179　龙纹茶杯

7. 打开本书提供第三章"习题"文件夹中场景文件及贴图,完成如图 3-180 所示的厨房一角的材质灯光的综合制作。

任务:

(1) 完成墙漆的材质设置。

(2) 分别完成橱柜的 UVW 贴图坐标及材质设置。

(3) 完成水龙头及水槽材质的设置。

(4) 完成塑料筐及塑料桶的材质的设置。

(5) 完成瓷碗的材质的设置。

(6) 完成地板瓷砖的材质的设置。

(7) 建立适当的 mental ray 区域泛光灯光照明。

(8) 渲染输出为图片格式的文件。

图 3-180　厨房一角

本章导读

三维动画的制作是 3ds Max 软件中最重要的功能，使用此功能可以对当中的任何对象或参数进行动画设置。3ds Max 提供给使用者大量实用的工具来制作和编辑动画，让使用者能够制作出更加真实的三维动画效果。

3ds Max 为游戏中的角色和场景动画、电视栏目包装、影视广告、电影和电视剧特效制作完成提供了非常实用的工具。现在很多教学的演示动画、军事和交通事故、虚拟现实动画的制作也广泛使用 3ds Max。本章主要介绍 3ds Max 中的动画的基本原理、基础动画的操作界面、修改器动画、控制器动画的制作方法。

技能要求

1. 了解动画原理和关键帧动画的制作；
2. 熟练掌握动画控制区各面板和轨迹视图的编辑与操作；
3. 了解常用修改器动画的设置和使用方法；
4. 熟练掌握常用控制器动画的使用方法。

第一节　动画基础知识

一、动画原理

动画一词在词典中的解释是"赋予生命"的意思。使用这种手段使没有生命的形象鲜活起来。动画效果的实现以人眼的视觉原理为基础，将一系列动态画面连续地拍摄到胶片上，以一定的速度来放映。通过胶片运动产生的幻觉实现连续的运动效果。因此要想产生连续运动的效果，胶片上每秒钟至少需播放

24 幅连续的画面,如图 4-1 所示。

　　计算机图形图像技术在动画制作中的应用,不仅发扬了传统动画的特点,而且缩短了动画制作周期。使用 3ds Max 制作动画时不需像传统动画一样由制作人员手工绘制连续的画面,而是只需将一个动作开始和结束时定义好,计算机就会自动计算完成中间的连续的画面,如图 4-2 所示。

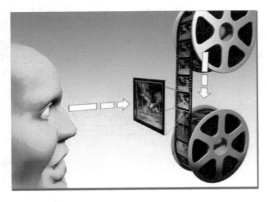

图 4-1　动画播放效果

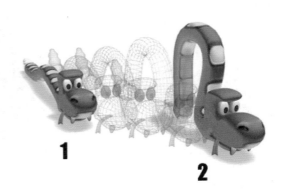

图 4-2　计算机动画效果

二、关键帧动画

1. 关键帧

　　动画当中的单幅画面就是帧,等同于电影胶片上的每一个镜头。在 3ds Max 中时间轴上帧表现成为一个标记。关键帧相当于二维动画中的一幅原画,是动画中角色或者物体运动变化中的关键动作所处的一帧。其概念源自于传统卡通片的制作,传统卡通片制作中熟练的动画师设计其中的关键画面,也就是关键帧,由普通动画师设计中间帧。图 4-3 中,中间画是原画之间的平滑过渡,两幅原画则是二维动画中的关键帧。这种关键帧的原理同样适用于三维动画的制作。

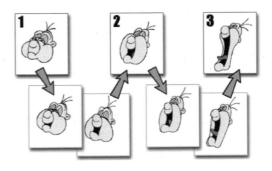

图 4-3　原始动画关键帧效果

2. 关键帧动画

　　在三维计算机动画中,中间帧由计算机计算生成,计算机代替了传统设计中间帧的动画师。画面中角色或者物体的运动参数都称为关键帧的参数,例如物体位置、角度、大小等。而对动画中角色或者物体参数的调整则组成了动画中一个完整的关键帧动画,所有三维动画的编辑和修改都是基于关键帧进行的。图 4-4 是投篮的一个关键帧动画。

图 4-4　投篮动画效果

第二节 基础动画

一、动画控制区

在 3ds Max 中，用于对动画进行控制和制作的工具称为动画控制区，位于软件界面的右下角，如图 4-5 所示。本部分对其主要功能进行介绍。

图 4-5 动画控制区

- <key>（设置关键点）：将所选对象的运动、旋转和缩放等参数的变化手动设置为关键帧。
- 自动关键点（切换自动关键点模式）：自动记录所选对象的运动、旋转和缩放等参数的变化，并将其自动设置为关键帧。
- 设置关键点（切换设置关键点模式）：进入关键点动画设置模式，单击该按钮后，在视图中对所选对象进行的的操作将会被记录下来。
- √（新建关键点的默认入/出切线）：为新的动画关键点快速设置默认切线的类型。
- 关键点过滤器...（关键点过滤器）：单击该按钮，打开"设置关键点过滤器"对话框，如图 4-6 所示。
- 0（当前帧/转到帧）：显示当前帧数，同时也可以在该字段中输入帧数的具体数值来跳转到该帧。
- （时间配置）：单击该按钮，可以打开"时间配置"对话框，对动画的帧速率、播放速度等数据进行编辑，如图 4-7 所示。

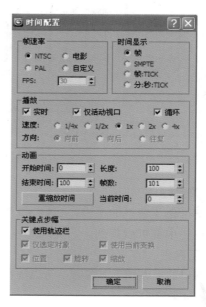

图 4-6 "设置关键点过滤器"对话框　　　　图 4-7 "时间配置"对话框

二、轨迹视图窗口的编辑与操作

轨迹视图窗口是动画创作中使用最为频繁的工具窗口，大部分的动作调节都在轨迹视图中进行。"轨迹视图"使用两种不同的模式："曲线编辑器"和"摄影表"。轨迹视图窗口由四部分组成，分别为菜单栏，工具栏，控制器窗口和编辑窗口。图4-8和图4-9所示的分别为"轨迹视图"的两种模式。

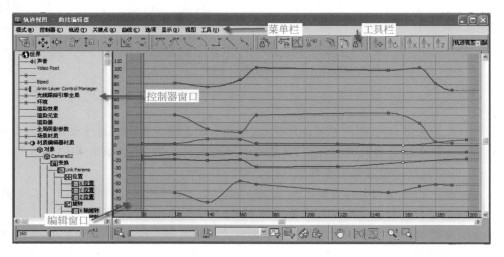

图4-8　"曲线编辑器"模式

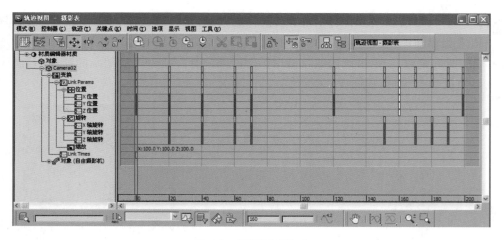

图4-9　"摄影表"模式

1. 菜单栏

菜单栏位于窗口的上方，工具栏和菜单栏中的一些命令是相同的，绝大多数工具栏中的命令在菜单栏中都可以找到。

2. 工具栏

在窗口的上方和下方各有一行以图标形式呈现的工具按钮，用于对各种命令进行编辑操作。

3. 控制器窗口

3ds Max的"制器窗口"有13层，分别为"声音"、"Video Post"、"全局轨迹"、"Anim Layer

Control Manager"、"Biped"、"环境"、"渲染效果"、"渲染元素"、"渲染器"、"全局阴影参数"、"场景材质"、"材质编辑器材质"和"对象"。这些层中前面小圆圈内有加号的层都有可扩展的分层级，物体的创建参数及动画参数都显示于"对象"层中。

4. 编辑窗口

编辑窗口位于视图右侧的灰色区域，用来显示动画关键帧、函数曲线或动画区段，方便对各个项目进行轨迹编辑。"轨迹视图"的主要功能都是在"编辑窗口"中完成的。

三、基础动画案例制作

案例 **篮球飞入篮筐**

【案例分析】

我们制作一个篮球飞入篮筐的基础动画案例，该案例主要是用关键帧的设置、轨迹视图的调整来设计篮球的飞行动画，效果如图4-10所示。

图4-10 投篮动画效果

【制作步骤】

打开本书案例第四章所提供的初始场景文件。场景中有一个篮球场场景模型、一个篮球模型和一个调整好角度的目标摄像机。篮球场是用几何体创建完成的，篮球是球体创建好后设置的篮球材质，场景如图4-11所示。

1. 设置动画的时间和篮球运动的关键帧

（1）单击"时间配置"按钮 ，弹出（时间配置）对话框，参数设置如图4-12所示。

图4-11 篮球场景

图4-12 时间配置

注意提示 帧速率是每秒显示帧数,即每秒钟实际显示的帧数,不同的设备输出的帧速率不同。 帧速率主要有以下几种模式,如图 4-13 所示。

① NTSC。该制式是 National Television Systems Committee(国家电视系统委员会制式)的缩写,是北美、大部分中南美国家、日本和中国台湾地区所使用的电视输出标准。它的帧速率是每秒 30 帧。

② PAL。该制式是 Phase Alternating Line(逐行倒相)的缩写,是大部分欧洲国家使用的视频标准,中国和新加坡等国家也是使用这种制式。它的帧速率是每秒 25 帧。

③ 电影。该制式是电影胶片的计数标准,它的帧速率为每秒 24 帧。

(2) 在场景中选择"篮球"模型,单击 自动关键点 按钮,滑动时间滑块至第 15 帧。将"篮球"模型移动篮筐的右上方,位置如图 4-14 所示。选择"篮球"模型右击,在弹出的菜单中选择"对象属性",如图 4-15 所示在"对象属性"对话框中勾选"显示属性"中的"轨迹",如图 4-16 所示。在场景中"篮球"的运动轨迹以红色轨迹线显示在场景中。

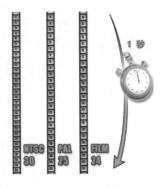

图 4-13   帧速率模式

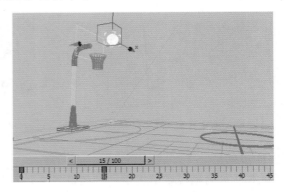

图 4-14   篮球运动第 15 帧

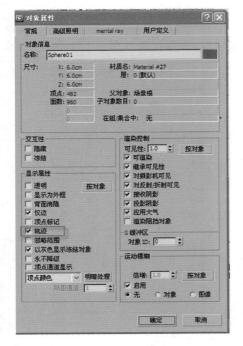

图 4-15   "对象属性"对话框

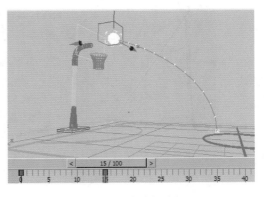

图 4-16   篮球轨迹视

（3）滑动时间滑块至第 20 帧，单击 自动关键点 按钮，将"篮球"模型移动至篮板前，位置如图 4-17 所示。

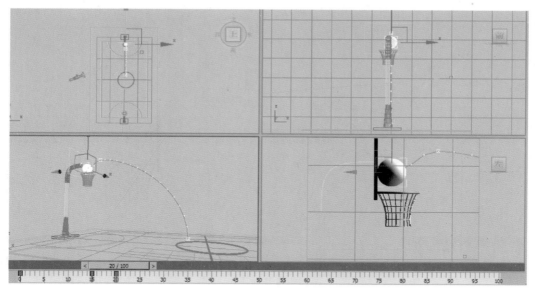

图 4-17　投篮动画第 20 帧

（4）在场景中选择"篮球"模型，滑动时间滑块至第 25 帧，单击按钮 自动关键点 ，将"篮球"模型移动至篮筐内，位置如图 4-18 所示。

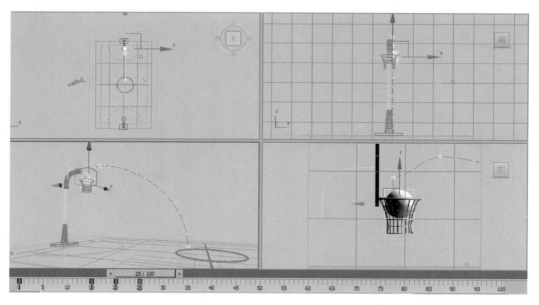

图 4-18　投篮动画第 25 帧

（5）在场景中选择"篮球"模型，拨动时间滑块到第 32 帧，单击按钮 自动关键点 ，将"篮球"模型移动至篮筐的正下方，位置如图 4-19 所示。

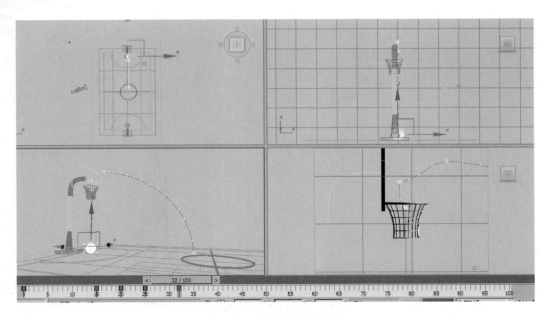

图 4-19　投篮动画第 32 帧

（6）在场景中选择"篮球"模型，拨动时间滑块到第 38 帧，单击 自动关键点 按钮，将"篮球"模型移动到如图 4-20 所示的位置。

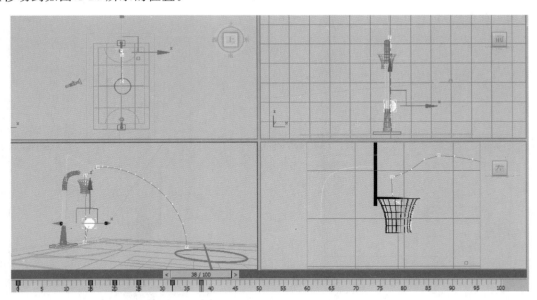

图 4-20　投篮动画第 38 帧

（7）在场景中选择"篮球"模型，拨动时间滑块到第 44 帧，单击按钮 自动关键点 ，将"篮球"模型移动到如图 4-21 所示的位置。

（8）在场景中选择"篮球"模型，拨动时间滑块到第 48 帧，单击按钮 自动关键点 ，将"篮球"模型移动到如图 4-22 所示的位置。

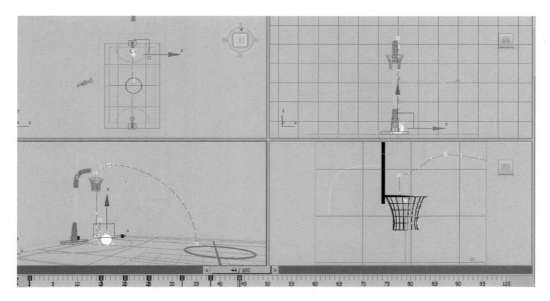

图 4-21　投篮动画第 44 帧

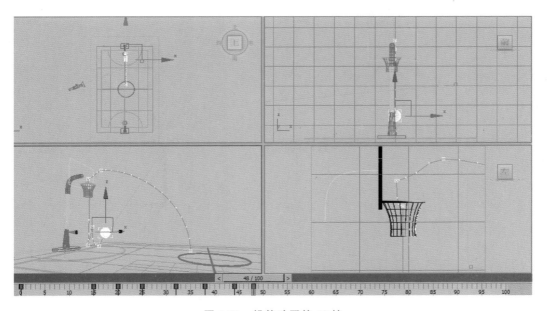

图 4-22　投篮动画第 48 帧

　　（9）在场景中选择"篮球"模型，拨动时间滑块到第 52 帧，单击 自动关键点 按钮，将"篮球"模型移动到如图 4-23 所示的位置。

　　（10）在场景中选择"篮球"模型，拨动时间滑块到第 55 帧，单击 自动关键点 按钮，将"篮球"模型移动到如图 4-24 所示的位置。

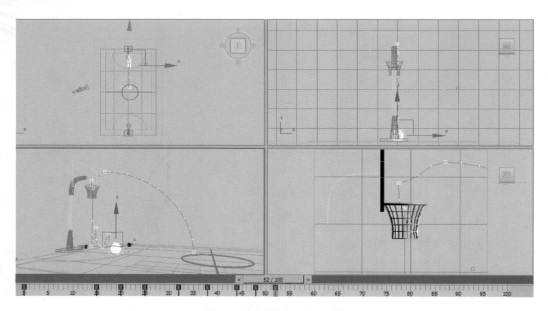

图 4-23   投篮动画第 52 帧

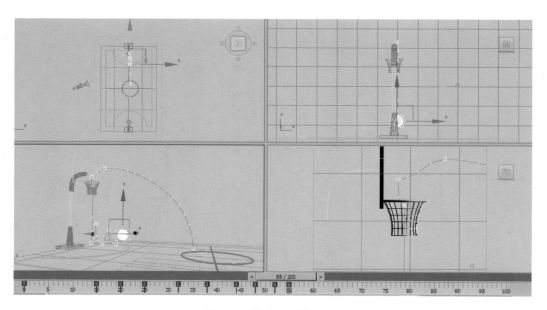

图 4-24   投篮动画第 55 帧

(11) 在场景中选择"篮球"模型,拨动时间滑块到第 58 帧,单击 自动关键点 按钮,将"篮球"模型移动到如图 4-25 所示的位置。

(12) 在场景中选择"篮球"模型,拨动时间滑块到第 100 帧,单击 自动关键点 按钮,将"篮球"模型移动到如图 4-26 所示的位置。

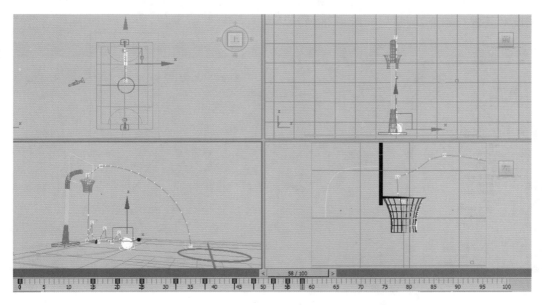

图 4-25　投篮动画第 58 帧

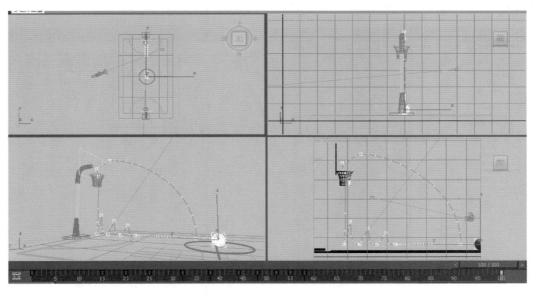

图 4-26　投篮动画第 100 帧

2. 调节"轨迹视图"中篮球运动的轨迹点

（1）在场景中选择"篮球"，单击工具栏中的（曲线编辑器）按钮![按钮]，打开"轨迹视图—曲线编辑器"窗口。在窗口左侧的列表中选择"Z 位置"选项，窗口右侧显示了一条蓝色的曲线，这是篮球的沿 Z 轴运动的曲线，如图 4-27 所示。

（2）根据篮球投篮的垂直运动规律，上升阶段篮球为减速运动，下落阶段篮球为加速运动。在"轨迹视图—曲线编辑器"中调整篮球"Z 轴"的运动速度。单击"轨迹视图—曲线编辑器"工具栏中的按钮 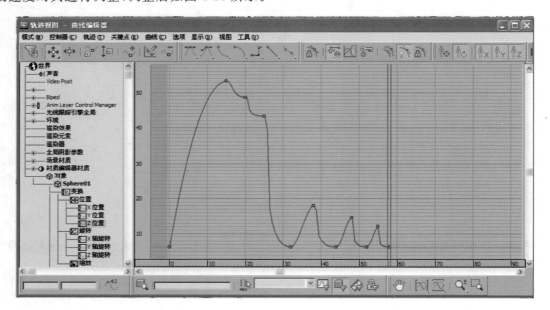，选择"轨迹视图—曲线编辑器"右侧窗口中需要调整的关键点，根据运动速度对其进行调整，调整后如图 4-28 所示。

图 4-27   投篮动画运动轨迹视图

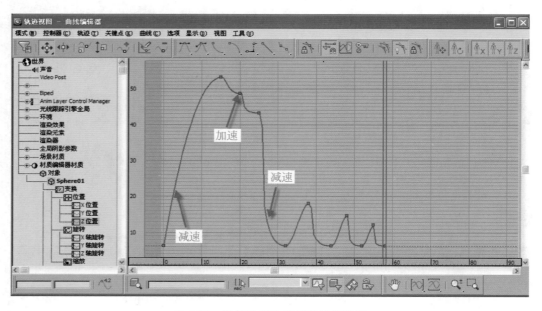

图 4-28   投篮动画轨迹视图速度效果

3. 渲染输出投篮动画

（1）单击菜单栏上的动画菜单，在下拉菜单中选择"生成预览"，可以快速渲染场景文件，预览动画效果，如图 4-29 所示。

（2）单击工具栏上 按钮，弹出"渲染设置"对话窗口，以 AVI 格式保存动画到指定文件夹内，参数设置如图 4-30 所示。

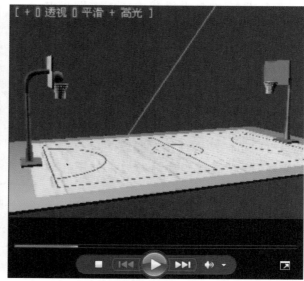

图 4-29　预览动画效果

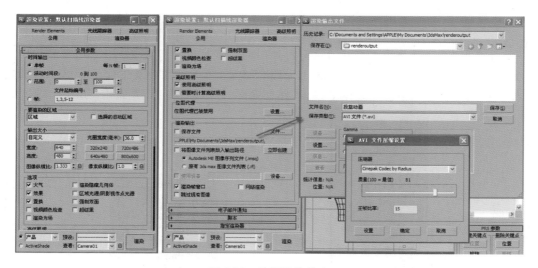

图 4-30　动画渲染输出

第三节　修改器动画

在修改面板中提供的各种修改器不仅在建模的时候能够用到,在动画的制作中也经常使用。下面就介绍以下这几种修改器的使用方法。

一、"柔体"修改器

"柔体"修改器是用选定对象顶点之间的虚拟弹力线模拟软体动力学。在顶点之间建立了虚拟的弹力线,并通过设置弹力线的柔韧程度来调节顶点彼此之间距离的远近。可设置弹力线的刚度、如何有效控制顶点相互接近和如何拉伸以及它们可移动的距离。该修改器使用于NURBS、面片、网格、形状、FFD 空间扭曲以及可变形的任何基于插件的对象类型。可将"柔体"、"重力值"、"风"、"马达"、"推力"和"粒子爆炸"等空间扭曲结合使用,使动作更加逼真。添加"柔体"修改器制作动画的效果如图 4-31所示。

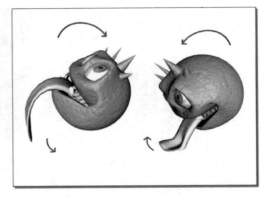

图 4-31　柔体修改器效果

二、"融化"修改器

　　"融化"修改器可将融化效果应用到所选定对象上。通过添加修改器可实现模拟柔软变形、塌陷的效果,例如雪的融化、冰的融化效果等。该修改器支持任何对象类型,包括可编辑面片和 NURBS 对象,同样也包括传递到修改堆栈的子对象选择。"融化"修改器参数卷展栏中的一些常用参数如图 4-32 所示。

三、"路径变形"修改器

　　"路径变形"修改器是用来控制所选定对象沿路径曲线发生变形,多用于动画制作中。选定对象添加该修改器后能够在指定路径上沿路径移动,同时自身会发生变形。这个功能经常被用作表现文字在空间滑行的动画效果。"路径变形"修改器"参数"卷展栏,如图 4-33 所示。

图 4-32　融化修改器参数

图 4-33　路径变形修改器参数

四、修改器动画案例制作

(一)冰淇淋融化动画案例制作

【案例分析】

我们将制作一个冰淇淋融化的动画效果,涉及的工具是修改器中的"融化"修改器。

【制作步骤】

打开本书案例第四章提供的初始场景文件,场景中有一个冰淇淋模型。冰淇淋模型是使用挤出、锥化共同创建完成,冰淇淋筒模型是使用"车削"修改器创建完成的,如图 4-34 所示。

1.加入"融化"修改器

选择冰淇淋的模型,并为其加入一个"融化"修改器,对其参数进行调整,如图 4-35 所示。

图 4-34　场景效果　　　　　　　　图 4-35　融化修改器参数

2.制作冰淇淋融化动画

(1)单击按钮 [自动关键点],滑动时间滑块到第 50 帧。调整"融化"修改器的参数面板,把融化数量值设置为 100,融化百分比设置为 14.5,效果如图 4-36 所示。

图 4-36　冰淇淋融化动画第 50 帧

(2)再次滑动时间滑块到第 100 帧,调整"融化"修改器的参数面板,把融化数量值设置为 250,融化百分比设置为 10,效果如图 4-37 所示。

(3)选择已设置完成融化动画的冰淇淋,在修改面板中的融化修改器选项上右击,在弹出的菜单中选择复制选项。然后选择另外一个冰淇淋,进入修改面板,选择可编辑多边形选项,右击,在弹出的菜单中选择粘贴选项,把修改器动画复制到该物体上,最终效果如图 4-38 所示。

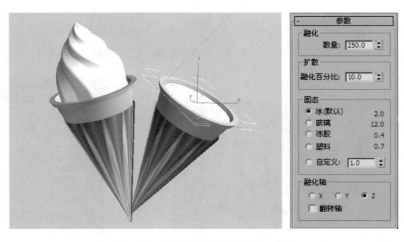

图 4-37   冰淇淋融化动画第 250 帧

图 4-38   冰淇淋融化效果图

（二）光带沿文字路径变形案例制作

案例　沿文字飞行的光带

【案例分析】

我们将制作一个光带沿文字飞行的动画效果，涉及的工具是修改器中的"路径变形"修改器，效果如图 4-39 所示。

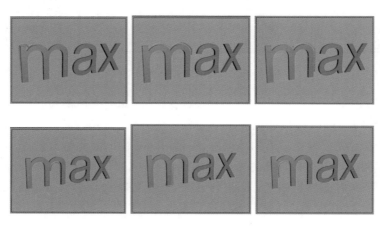

图 4-39   光带变形动画效果图

【制作步骤】

打开本书案例第四章提供的初始场景文件,场景中有一个文字模型,如图 4-40 所示。

（1）单击创建面板的图形按钮,选择样条线下的线按钮,在前视图中绘制出文字的外轮廓线,如图 4-41 所示。

图 4-40　场景模型　　　　　　　　图 4-41　文字创建

（2）在前视图中创建一个圆柱体,设置半径值为 0.6,高度值为 70,高度分段数为 80,效果如图 4-42 所示。

图 4-42　创建光带模型

（3）选择圆柱体,单击修改命令面板中的修改器列表,选择"路径变形"修改器。在"路径变形"修改器的参数面板中选择拾取路径按钮,拾取在前视视图创建的文字外轮廓线,如图 4-43 所示。

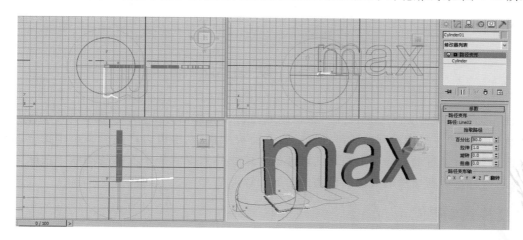

图 4-43　光带添加路径变形修改器

（4）使用旋转工具沿 Y 轴旋转 90°，如图 4-44 所示。

图 4-44　调整路径变形修改器

（5）设置路径变形参数面板，"百分比"数值调整为 80。单击自动关键点按钮，滑动时间滑块到 100 帧，调整百分比数值为 0，如图 4-45 所示。

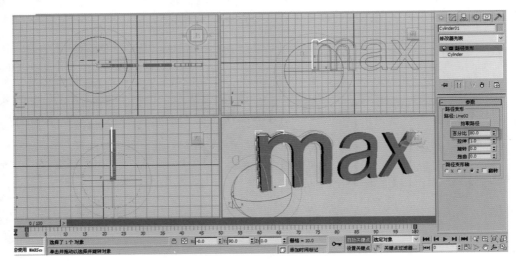

图 4-45　自动关键点记录动画

（6）在第 0 帧和第 100 帧之间设置光带变形动画，关闭自动关键点按钮。点开渲染设置菜单对其进行输出。

第四节　动画控制器

使用动画控制器实际上是控制对象物体运动轨迹规律的方法，决定动画如何在每一帧动画中运动的规律。动画控制器既可在运动命令面板中指定，也可以在动画菜单中指定。在进行动画设计时，经过动画控制器控制的调整的对象物体将得到一个流畅的动画。在默认状态下，控制器总是给新增加的关键点设置光滑的切线类型。

一、变换控制器

进入 ◎（运动）面板，然后选择"变换"选项。单击"制定控制器"按钮 ，会弹出"指定变换控制器"面板,如图 4-46 所示。面板中包括"变换脚本"、"链接约束"和"位置/旋转/缩放"3 种控制器。

1. 变换脚本

"变换脚本"控制器在一个脚本化矩阵值中包含位置/旋转/缩放(PRS)控制器含有的所有信息。可以从一个脚本控制器对话框中同时访问全部三个值,而不是为位置、旋转和缩放控制器分配三个单独轨迹。因为脚本定义了变换值,因此更易于设置动画。

2. 链接约束

将一个对象链接到另外的对象上制作动画,对象会继承目标对象位移、旋转和缩放的属性。如图 4-47 所示,将球从一只手传递到另一只手就是一个应用链接约束的例子。假设在第 0 帧球在右手。设置手的动画使它们在第 50 帧相遇,在此帧球传递到左手,然后向远处分离直到第 100 帧。

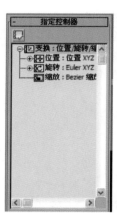

图 4-46　变换控制器

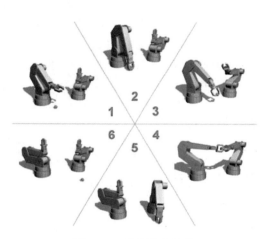

图 4-47　链接约束效果

3. 位置/旋转/缩放

改变控制器为"位置"、"旋转"和"缩放"3 个子控制项目,默认了不同的控制器。

二、位置控制器

进入 ◎(运动)面板,然后选择"位置"选项。单击制定控制器按钮 ，会弹出"指定位置控制器"面板,如图 4-48 所示。面板中包括多种控制器。

1. Bezier 位置

在两个关键点之间使用一个可调的样条曲线来控制动作插值,对大多数参数而言均可用,所以"位置"控制器对话框中选择它作为默认设置。允许函数曲线方式控制曲线的形态,从而影响运动效果。还可以通过 Bezier 控制器控制关键点两侧曲线衔接的圆滑程度。

图 4-48　位置控制器

2．TBC 位置

TBC 控制器能够产生曲线型动画，类似于 Bezier 控制器产生的动画效果。但 TCB 控制器不使用切线类型或可调整的切线控制柄，而是通过"张力"、"连续性"和"偏移"3 个参数选项来调节动画效果。

3．弹簧

弹簧控制器为对点或对象位置添加动力学效果，与柔体命令相似，使用此约束，可以给通常静态的动画添加逼真感。

4．附加

对象物体与目标物体表面相结合，目标物体必须是一个网格物体或者是一个能够转换为网格的 NURBS 物体或面片物体。通过在关键点分配不同的附属控制器，可以做出对象物体在目标物体表面移动的效果。

5．路径约束

使物体沿一条样条线路径运动，路径目标可以是各种类型的样条线。路径目标可以是任意类型的样条线。样条曲线（目标）为约束对象定义了一个运动的路径。目标可以使用任意的标准变换、旋转、缩放工具设置为动画。以路径的子对象级别设置关键点，如顶点或分段，虽然这影响到受约束对象，但可以制作路径的动画，如图 4-49 所示。

6．曲面

对象物体沿目标物体表面运动，要求目标物体是球体、圆锥体、圆柱体、圆环、四边形面片、NURBS 物体。这几种物体以外的物体不能作为曲面控制器的目标物体，同时这些物体要保持完整性，不能添加切片和修改命令。

7．位置 X/Y/Z

位置 XYZ 控制器将 X、Y 和 Z 组件分为三个单独轨迹，可以单独为每一项指定控制器。从"表达式"控制器引用时，提供了对三个轨迹的单独控制。

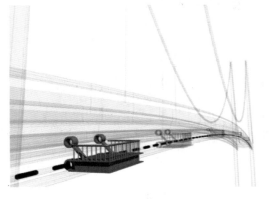

图 4-49　路径约束效果

8．线性位置

线性控制器用于在动画两个关键点之间进行动画插补计算，得到标准的线性动画。其方法是按照关键点之间的时间量平均划分从一个关键点值到下一个关键点值的更改。

9．音频位置

音频控制器主要通过一个声音的频率和振幅来控制动画的速度，包括变换、浮点和三点的数值通道。音频控制器将所记录的声音文件振幅或实时声波转换为可以设置对象或参数动画的值。

10．噪波位置

噪波控制器会使对象物体在一系列帧上产生随机的、基于分形的动画。噪波控制器没有关键帧的设置，它是使用参数来控制噪波曲线。

三、旋转控制器

进入运动 ◎ 面板，然后选择"旋转"选项。单击"制定控制器"按钮 ⬚，会弹出"指定旋转控制器"面板。如图 4-50 所示，以下对其常用的控制器进行介绍。

1. Euler XYZ 旋转控制器

Euler XYZ 旋转控制器是一种合成控制器，可以将旋转控制分离为 X、Y、Z，分别控制 3 个轴向上的旋转。Euler XYZ 不如四元旋转（由 TCB 旋转控制器使用）平滑，但它是唯一可以用于编辑旋转功能曲线的旋转类型。

2. 方向约束

将约束对象的旋转方向约束在一个对象或几个对象的平均方向。约束对象可以是任何可旋转的对象，方向约束后，便不能手动旋转该对象。只要约束对象的方式不影响对象的位置或缩放控制器，便可以移动或缩放该对象。目标对象可以是任意类型的对象。目标对象的旋转会驱动受约束的对象。可以使用任何标准平移、旋转和缩放工具来设置目标的动画，效果如图 4-51 所示。

图 4-50　旋转控制器

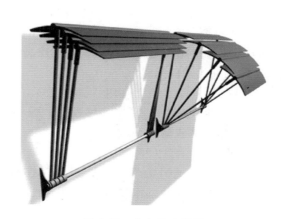

图 4-51　方向约束效果

3. 平滑旋转

平滑旋转能够实现平滑自然的旋转动作，其功能与"线性旋转"相同，没有可调的函数曲线，只能在轨迹视图中改变时间范围。

4. 线性旋转

线性旋转是控制两个关键点之间的旋转动画，常用于一些规律性的动画旋转效果。

5. 旋转脚本

旋转脚本是通过脚本语言来控制旋转动画。

6. 旋转列表

旋转列表是一个含有一个或多个控制器的组合，它能够和其他种类的控制器组合在一起，并按从上到下的排列顺序进行计算，产生组合控制的效果。

7. 音频旋转

音频旋转是通过一个声音的频率和振幅来控制动画物体的旋转运动节奏，基本上可以作用于所有类型的控制器参数。

8. 噪波旋转

噪波旋转控制器能够产生一个随机数值，并且产生随机的旋转动作变化。其没有关键点

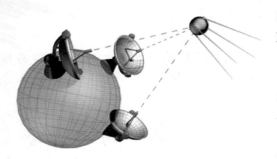

图 4-52　注视约束效果

的设置,是使用参数来控制噪声曲线,从而影响旋转动画的动作。

9．注视约束

注视约束是控制对象物体方向,使它始终注视目标物体。注视约束会锁定对象的旋转度使对象的一个轴点朝向目标对象。注视轴点朝向目标,而上部节点轴定义了轴点向上的朝向。如果这两个方向一致,则结果可能会产生翻转的行为。这与指定一个目标摄像机直接向上相似,效果如图 4-52 所示。

四、缩放控制器

进入 ◎(运动)面板,然后选择"缩放"选项。单击"制定控制器"按钮 ,会弹出"指定变换控制器"面板,如图 4-53 所示。下面对其常用的控制器进行介绍。

1．Bezier 缩放

Bezier 缩放是指允许通过函数曲线方式控制物体缩放曲线的形态,影响其运动效果。

2．TCB 缩放

TCB 缩放是指通过"张力"、"连续性"和"偏移"3 个参数项目来调节物体的缩放动画。

3．缩放表达式

缩放表达式是指通过数学表达式来实现控制对象物体的动作。可以控制物体的基本参数,也可以控制对象物体的缩放运动。

4．缩放脚本

缩放脚本是指通过脚本语言来控制缩放动画。

5．缩放列表

缩放列表是指一个含有一个或多个控制器的组合,它能够和其他种类的控制器组合在一起,并按从上到下的排列顺序进行计算,从而产生组合控制的效果。

图 4-53　缩放控制器

6．线性缩放

线性缩放是指在两个关键点之间得到稳定的缩放动画,常用于规律性的动画效果。

7．音频比例

音频比例是指通过声音的频率和振幅来控制对象物体的运动节奏,适用于所有类型的控制器。

五、控制器动画案例制作

案例　飞机穿梭雪山

【案例分析】

我们将制作一个摄像机跟拍飞机在雪山中穿梭效果。主要通过动画中的控制器中的路径约束、链接约束等来设置飞行模型动画。

【制作步骤】

打开本书案例第四章提供的初始场景文件,场景中有一个飞机模型和一个雪山场景。飞机模型是使用多边形建模的方法创建完成的,雪山场景是使用置换修改器的方法设置完成的,如图4-54所示。

图4-54　场景文件

1. 创建飞机模型的飞行路径

(1)打开场景模型,选择飞机模型,使用移动和旋转工具,在视图中调整飞机模型在场景中的位置,如图4-55所示。

图4-55　飞机模型位置调整

(2)单击视图右下角的"时间配置"按钮 ,弹出时间配置对话框,设置数值如图4-56所示。

(3)单击创建 命令面板下的图形 工具,选择"线"在顶视图中创建飞行路径 Line01,用移动和旋转工具在视图中调整路径的位置,使它的初始位置与飞机的初始位置一致,如图4-57所示。

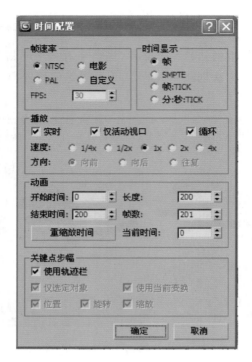

图 4-56　时间配置

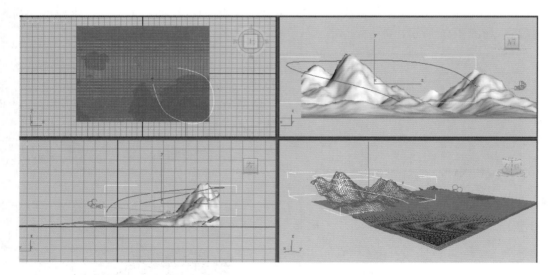

图 4-57　创建路径约束曲线

　　（4）选择飞机模型，打开运动 ⚙ 面板，在指定控制器面板选择位置控制器 ，打开位置控制器面板，选择路径约束控制器，如图 4-58 所示。

　　（5）在路径约束参数中单击添加路径，在视图选择绘制好的飞机飞行路径曲线 Line01，如图 4-59 所示。飞机模型立刻转移到路径 Line01 的初始位置，飞机模型的运动曲线已经约束到路径 Line01 上，但是飞机模型的运动方向和运动速度还需要进一步调整。

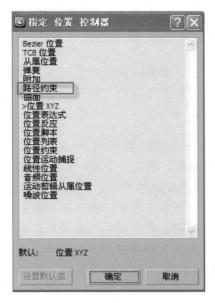

图 4-58　位置控制器

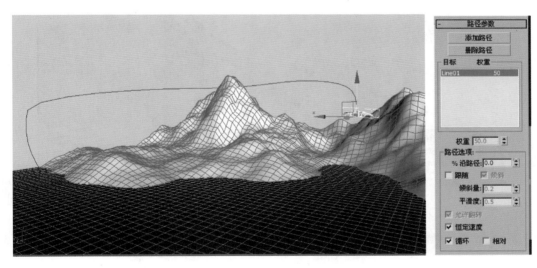

图 4-59　飞机路径约束

　　（6）在路径参数面板上勾选"跟随"复选框，同时把"倾斜"复选框勾选上。"倾斜量"为0.2，"平滑度"为0.5，把"允许翻转"复选框勾选上，调整坐标轴与Y轴对齐，如图 4-60 所示。

　　（7）真实场景下飞机在弯曲飞行时是向一侧切斜飞行的，因此飞机在飞入弯道的时候要进行侧飞。为使动画效果与真实场景一致，需要对不同关键点下飞机的倾斜量进行调节。单击"自动关键点"按钮，在第 0 帧调整"倾斜量"数值为 0.2，如图 4-61 所示。

　　（8）滑动时间滑块至第 20 帧，调整"倾斜量"为 1.0，"平滑度"为 1.0。滑动时间滑块至第40 帧，调整"倾斜量"为 1.3，"平滑度"为 1.2。滑动时间滑块至第 60 帧，调整"倾斜量"为 0.9，"平滑度"为 1.2。滑动时间滑块至第 80 帧，调整"倾斜量"为 0.5，"平滑度"为 1.2。滑动时间滑块至第 110 帧,调整"倾斜量"为 0.8,"平滑度"为 1.2,效果如图 4-62 所示。

2. 创建摄像机跟拍动画

(1) 单击 ☀ (创建)命令面板下的 ◎ (辅助对象),选择虚拟对象 Dummy01,在透视图中任意位置创建。图中所示白色长方体线框是虚拟对象,如图 4-63 所示。

注意提示 虚拟辅助对象是一个线框立方体,轴点位于其几何体中心。它有名称但没有参数,不可以修改和渲染。它的唯一真实功能是它的轴点,用作变换的中心。线框作为变换效果的参考。虚拟对象的另一个常用用法是在目标摄像机的动画中。可以创建一个虚拟对象并且在虚拟对象内定位目标摄像机。然后可以将摄像机和其目标链接到虚拟对象,并且使用路径约束设置虚拟对象的动画。目标摄像机将沿路径在虚拟对象之后。

图 4-60 路径约束参数

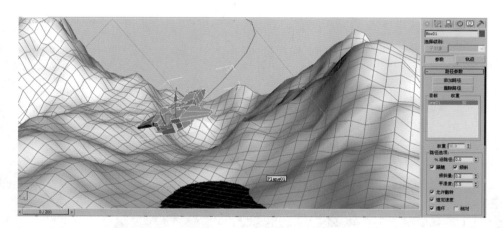

图 4-61 路径约束参数调整

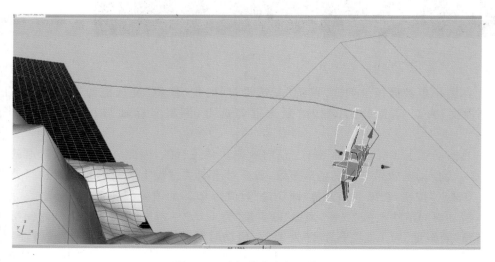

图 4-62 路径约束参数调整

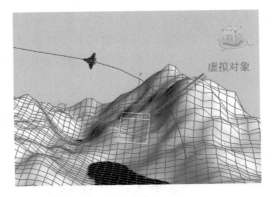

图 4-63　创建虚拟对象

　　（2）选择虚拟对象，打开运动 面板，在指定控制器面板选择位置控制器 ，打开位置控制器面板，选择路径约束控制器。在路径参数面板选择添加路径，在视图中拾取 Line01 作为虚拟物体的运动路径。路径约束后虚拟对象和飞机模型的轨迹一致，参数设置和效果如图 4-64 所示。

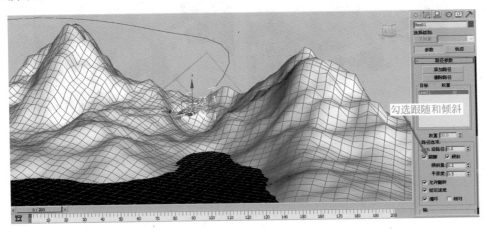

图 4-64　路径参数调整

　　（3）在场景中创建一个自由摄像机，调整其位置和角度，设置参数，如图 4-65 所示。

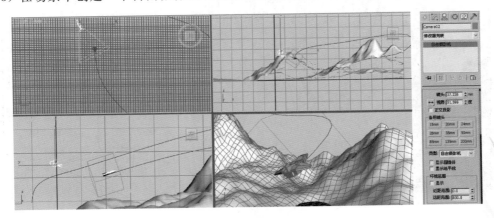

图 4-65　创建自由摄像机

（4）选择自由摄像机，打开运动  面板，在指定控制器面板选择变换控制器 ▣，打开变换控制器面板，选择链接约束控制器。在链接约束参数面板中单击添加链接，在视图中选择虚拟对象 Dummy01 进行链接。单击时间栏上的"播放"按钮 ▶，自由摄像机能够沿飞机飞行路径进行拍摄。跟拍效果如图 4-66 所示。

图 4-66　摄像机跟拍效果

（5）摄像机能够按照飞机的飞行路径进行跟拍，由于摄像机的位置和角度没有调整，因此拍摄效果不够逼真。调整链接约束控制器的参数，从而使摄像机拍摄效果更加逼真。将时间滑块分别滑至第 20 帧、第 40 帧、第 60 帧、第 70 帧、第 120 帧、第 160 帧、第 170 帧、第 180 帧，选择 PRS 下的位置和旋转参数，分别调整其 X 轴、Y 轴和 Z 轴的数值，如图 4-67 所示。

图 4-67　摄像机位置调整

3．动画效果调整和渲染输入

（1）单击时间播放按钮，观察摄像跟拍效果。对效果不好的地方进行调整。

（2）单击工具栏上  按钮，弹出"渲染设置"对话窗口，以 AVI 格式保存动画到指定文件夹内，设置参数如图 4-68 所示。

图 4-68　动画效果渲染输出

本 章 小 结

本章详细讲解了在 3ds Max 中如何为物体设置动画的一些方法和相关的参数设置的效果。用篮球投篮的动画讲解了基础动画的设置以及轨迹视图的使用方法。同时通过另外几个实例的制作详细讲解了如何使用修改器来设置动画，以及如何通过添加控制器和控制约束来制作更加丰富的动画效果。

课 堂 实 训

1．分析使用"自动关键帧"和"设置关键帧"在记录动画关键帧时，在制作步骤和效果上有什么区别。

2．要实现船只在海面上行驶时的起伏效果，以及随着海面的起伏前行的效果，会用到哪些动画控制器。

3. 完成如图 4-69 所示的光带沿文字切割的效果,制作时会使用到动画中的哪些修改器和控制器。

图 4-69　光带沿文字切割效果

第五章

粒子系统及空间扭曲

　　粒子系统与空间扭曲工具都是动画制作中非常有用的特效工具。 粒子系统是生成不可编辑子对象的一系列对象，称为粒子，常用来模拟自然界中的雪、雨、灰尘等。 空间扭曲是影响其他对象外观的不可渲染对象，空间扭曲能创建使其他对象变形的力场，从而创建出涟漪、波浪和风吹等效果。

　　1. 通过本章学习，掌握和理解粒子系统各参数的意义、掌握和理解空间扭曲的效果；

　　2. 通过本章学习和训练，熟练掌握与应用粒子系统和空间，并结合相关命令进行创作；

　　3. 通过本章学习和训练，熟练掌握与应用空间扭曲，并结合相关命令进行创作。

第一节　粒子系统

　　粒子系统就是 3ds Max 提供给我们的，一种能够模仿自然现象或物理现象的工具，灵活使用粒子系统，会给我们的动画制作工作带来很大方便。

　　粒子系统是一些粒子的集合，通过设置发射粒子可以制作雨、雪场景或者生成喷泉、礼花、火星喷射、星空闪烁等一系列动画特效。

　　在应用粒子系统时，常常结合材质设置、空间扭曲、模糊处理、Video Post 特效来使用，制作逼真的效果。

　　启动 3ds Max 2011，选择"创建"面板，在"几何体"的下拉菜单中选择"粒子系统"项,即可看到如图 5-1 所示的粒子系统创建面板。

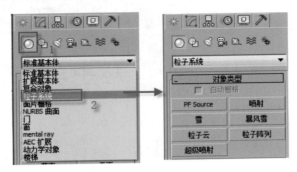

图 5-1　粒子系统创建面板

一、"雪"粒子

使用"雪"粒子可以来创建雪花、五彩碎纸等效果。

案例　雪景制作

【案例分析】

通过本案例掌握"雪"粒子的创建,熟悉粒子常用基本参数的调整和设置,练习环境背景图的添加,最终效果如图 5-2 所示。

【制作步骤】

① 打开"几何体"的"粒子系统"创建面板,然后选中"雪"按钮,并在顶视图中单击拖动鼠标画一个线框,然后拖动时间滑块,会有"雪粒"落下,如图 5-3 所示。

② 选择"雪",进入"修改"面板,对"雪"粒子进行参数的设置,如图 5-4 所示。在"粒子"组设

图 5-2　雪景

置:视口计数＝300,渲染计数＝3000;雪花大小＝4.0。"渲染"类型选择"面"。"计时"开始＝－30;寿命＝100。"发射器"宽度＝1000;长度＝1000。

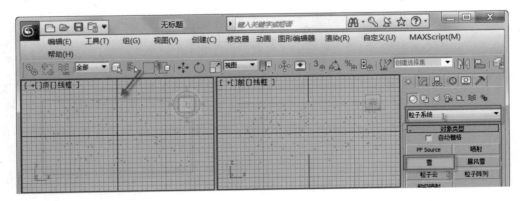

图 5-3　"雪"对象

③ 给"雪"粒子添加材质。打开"材质编辑器"，任选一未使用的样本，将其分配给"雪"粒子系统。

④ 材质设置如图 5-5 所示。在"Blinn 基本参数"中设置环境光、漫反射、高光反射均为"白色"。设置自发光颜色值为 100。不透明度为 100，单击右边按钮，在弹出的列表中选择"渐变"，打开"渐变"材质设置面板。

⑤ 在"渐变"材质设置面板中，设置渐变颜色为"黑"—"黑"—"白"；颜色 2 位置＝0.7；渐变类型为"径向"，设置完成，关闭材质编辑器。

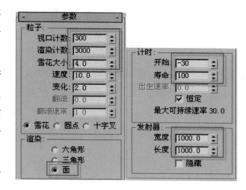

图 5-4　参数设置

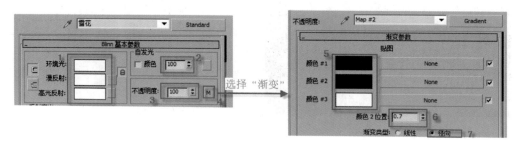

图 5-5　材质参数设置

⑥ 单击菜单"渲染"，选择"环境"，打开"环境和效果"设置对话框，如图 5-6 所示。在"公用参数"中，单击"环境贴图"下面的按钮，在打开的对话框中选择"位图"，在"位图"选择窗口中找到本书案例文件夹中"第五章\snow.jpg"，单击"确定"按钮。

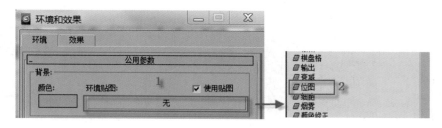

图 5-6　添加环境背景图

⑦ 播放动画，渲染输出。

二、"喷射"粒子

喷射粒子系统可以模拟水滴下落效果，如下雨、喷泉、瀑布等，喷射粒子系统中的粒子在整个生命周期内始终朝指定方向移动。

案例　**雨景制作**

【案例分析】

通过本案例掌握"喷射"粒子的创建，熟悉粒子常用基本参数的调整和设置，练习环境背景图的添加,最终效果如图 5-7 所示。

【制作步骤】

① 打开"几何体"的"粒子系统"创建面板,然后选中"喷射"按钮,并在顶视图中单击拖动鼠标画一个线框,然后拖动时间滑块,会有粒子落下。

② 选择"喷射",进入"修改"面板,对"喷射"粒子进行参数的设置,设置如图 5-8 所示。"渲染计数"为 7000,"水滴大小"为 1.5,"速度"为 60,"变化"为 5。选择"渲染"区域的"四面体",将"计时"区域的"开始"和"寿命"值设置为-50 和 150,即"喷射"系统的粒子在-50 帧时产生,到第 100 帧结束。

图 5-7　雨景

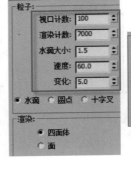

图 5-8　参数设置

③ 给"喷射"粒子添加材质。打开"材质编辑器",任选一未使用的样本,将其分配给"喷射"粒子系统。

④ 材质设置如图 5-9 所示。在"Blinn 基本参数"中设置环境光、漫反射、高光反射均为"白色"。设置自发光颜色值为 100。不透明度为 100,单击右边按钮,在弹出的列表中选择"渐变坡度",打开"渐变坡度"材质设置面板。

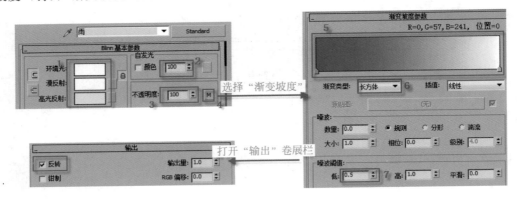

图 5-9　材质参数设置

⑤ 在"渐变坡度"材质设置面板中,设置渐变颜色为"蓝"—"白";渐变类型为"长方体","噪波阈值"区域的编辑框的值设为 0.5,设置完成关闭材质编辑器。

⑥ 单击菜单"渲染",选择"环境",打开"环境和效果"设置对话框。在"公用参数"中,单击"环境贴图"下面的按钮,在打开的对话框中选择"位图",在"位图"选择窗口中找到本书案例文件夹中"第五章\rain.jpg",单击"确定"按钮。

⑦ 播放动画, 渲染输出。

三、"超级喷射"粒子

超级喷射是从指定物体表面发射粒子, 或者将指定物体崩裂为碎片发射出去, 形成爆裂效果, 它与简单的喷射粒子系统相似, 但是其功能更为强大。

案例 **水泡制作**

【案例分析】

通过本案例掌握"超级喷射"粒子的创建, 熟悉粒子常用基本参数的调整和设置, 熟练为环境添加背景图, 最终效果如图5-10所示。

【制作步骤】

① 打开"几何体"的"粒子系统"创建面板, 然后选中"超级喷射"按钮, 并在顶视图中单击拖动鼠标画一个线框, 然后拖动时间滑块, 会有粒子喷射而出。

② 选择"超级喷射", 进入"修改"面板, 对"超级喷射"粒子进行参数的设置, 设置如图5-11所示。"基本参数"卷展栏下"轴扩散"为10, "平面扩散"为20。"粒子生成"卷展栏下粒子数量选择"使用总数", 数量为100, "粒子运动"速度为80, "变化"为10, "粒子计时"的"发射开始"为0, "发射停止"为50, "显示时限"为100, "寿命"为60。

图 5-10 水泡

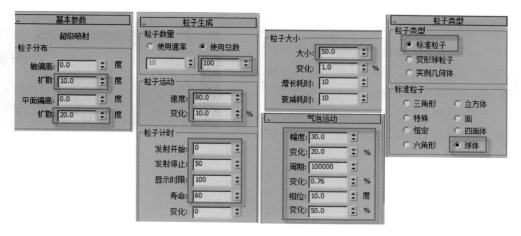

图 5-11 参数设置

③ "粒子大小"卷展栏中, "大小"为50。"粒子类型"卷展栏下, "粒子类型"选择"标准粒子", "标准粒子"选择"球体"。"气泡运动"卷展栏中设置"幅度"为30, "变化"为20, "变化"为0.76, "相位"为10, "变化"为50, 设置如图5-11所示。

④ 给"超级喷射"粒子添加材质。打开"材质编辑器", 任选一未使用的样本, 将其分配给"超级喷射"粒子系统。

⑤ 材质设置如图 5-12 所示。在"Blinn 基本参数"中设置"漫反射"颜色为"R:151,G:228,B:240","高光级别"为 76,"光泽度"为 30。

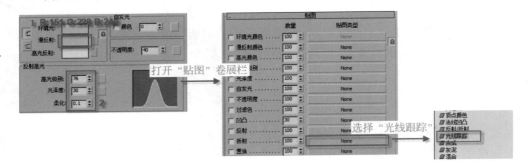

图 5-12 材质设置

⑥ 打开"贴图"卷展栏,单击"折射"右边的按钮,在"材质/贴图浏览器"对话框中选择"光线跟踪"参数设置,关闭材质编辑器。

⑦ 单击菜单"渲染",选择"环境",打开"环境和效果"设置对话框。在"公用参数"中,单击"环境贴图"下面的按钮,在打开的对话框中选择"位图",在"位图"选择窗口中选择"水下景色",单击"确定"按钮。

⑧ 播放动画,渲染输出。

案例 粒子特效

【案例分析】

通过本案例熟练掌握"超级喷射"粒子的创建和参数修改,学习 Video Post 和镜头特效的使用,熟练为环境添加背景图,"超级喷射"粒子最终效果如图 5-13 所示。

【制作步骤】

① 打开"几何体"的"粒子系统"创建面板,选中"超级喷射"按钮,并在顶视图中单击拖动鼠标画一个线框,然后拖动时间滑块,会有粒子喷射而出。

② 选择"超级喷射",进入"修改"面板,对"超级喷射"粒子进行参数的设置,设置如图 5-14 所示。"基本参数"卷展栏下"轴扩散"为 10,"平面扩散"为

图 5-13 粒子特效

8。"粒子生成"卷展栏下粒子数量选择"使用总数",数量为 4000,"粒子计时"的"发射开始"为-100,"发射停止"为 148,"显示时限"为 100,"寿命"为 13,"变化"为 19。

③ "粒子大小"卷展栏中,"大小"为 3,"变化"为 11.12。"粒子类型"卷展栏下,"粒子类型"选择"标准粒子","标准粒子"选择"六角形"。设置如图 5-14 所示。

④ 在"前视图"中,利用"椭圆"图形绘制一个椭圆,作为粒子的运动路径。

⑤ 选择"超级喷射"粒子,单击"运动"按钮 ⊕ 进入运动命令面板,展开"指定控制器"卷展栏,选择"位置"项,单击 ⬇ 按钮打开"指定位置控制器"对话框,选择"路径约束"单击"确定"按钮,如图 5-15 所示。

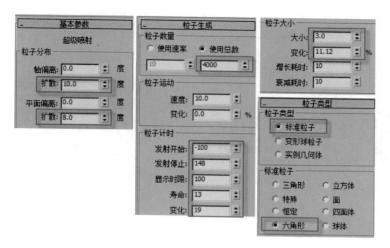

图 5-14　参数设置

图 5-15　路径约束设置

⑥ 回到参数面板,打开"路径参数"卷展栏,单击"拾取路径"按钮,在前视图中选择"椭圆"图形。在参数面板"路径选项"中勾选"跟随"选项,选择"Y 轴"和"翻转"。

⑦ 移动时间滑块,可以看到粒子流沿着曲线路径运动,效果如图 5-16 所示。

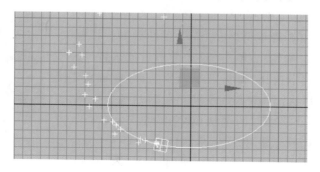

图 5-16　粒子运动效果

⑧ 给"超级喷射"粒子添加材质。打开"材质编辑器",任选一未使用的样本,将其分配给"超级喷射"粒子系统。

⑨ 材质设置如图 5-17 所示。在"Blinn 基本参数"中单击"漫反射"右侧按钮,在弹出的对话框中选择"粒子年龄"。在"粒子年龄"卷展栏中设置粒子颜色,分别为颜色 1"R:247,G:228,B:19",颜色 2"R:243,G:136,B:49",颜色 3"R:246,G:0,B:0"。

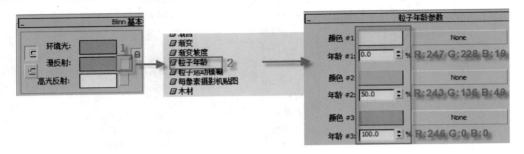

图 5-17　材质参数设置

⑩ 打开"创建"面板,选择"摄像机"，在顶视图中创建"目标"摄像机。将"透视图"切换为"Camera01"视图,调整位置如图 5-18 所示。

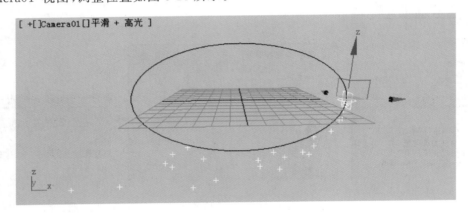

图 5-18　摄像机视图

⑪ 选择"喷射粒子",右击鼠标选择"对象属性",在属性面板中设置"对象通道"为 1,启用"图像"运动模糊方式,对粒子产生一定的运动模糊效果,设置如图 5-19 所示。

⑫ 单击菜单"渲染",选择"Video Post",打开"Video Post"面板。单击"添加场景事件"按钮，在对话框中选择"Camera01"视图,单击"确定";单击"添加图形过滤事件"按钮，在"过滤器插件"中选择"镜头效果光晕",单击"确定"按钮;使用相同方法再次添加"镜头效果光晕"和"镜头效果光斑",如图 5-20 所示。移动时间滑块至 70 帧左右,这时两个粒子系统在视野中比较完整,便于效果制作。

图 5-19　运动模糊设置

⑬ 在"Video Post"面板中单击"执行序列"按钮，在弹出的对话框中选择"单帧"为 70,单击"渲染"按钮,观察第 70 帧效果。

⑭ 在"Video Post"面板中单击"添加图像输出事件"按钮，在弹出的对话框中选择"文件",设置文件输出保存路径和格式,格式设置为 Avi,单击"确定"按钮。进行渲染输出。

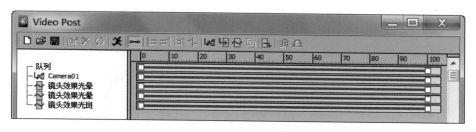

图 5-20　镜头特效

四、粒子阵列

粒子阵列粒子系统提供两种类型的粒子效果,一种是可用于将所选几何体对象用作发射器模板(或图案)发射粒子。此对象在此称作分布对象,另一种是可用于创建复杂的对象爆炸效果。

案例　**碎裂的茶壶**

【案例分析】

通过本案例掌握"粒子阵列"的创建,熟练掌握粒子常用基本参数的设置,熟练进行动画的设置,"粒子阵列"效果如图 5-21 所示。

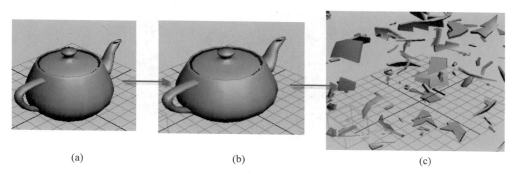

(a)　　　　　　　　　　(b)　　　　　　　　　　(c)

图 5-21　碎裂的茶壶

【制作步骤】

① 在"透视图"中创建一个茶壶,半径为 30,如图 5-21(a)所示。

② 选择茶壶,拖动"时间滑块"于 20 帧,打开"自动关键点"。利用"缩放"工具沿 X 轴和 Y 轴放大茶壶,如图 5-21(b)所示。

③ 打开"几何体"的"粒子系统"创建面板,然后选中"粒子阵列"按钮,并在"透视图"中创建"粒子阵列"。

④ 选择"粒子阵列",进入"修改"面板,在"基本参数"卷展栏中单击"拾取对象",在视图中选择"茶壶"对象。

⑤ 选择"粒子",进行参数的设置,设置如图 5-22 所示。"基本参数"卷展栏下"视口显示"选择"网格"。"粒子生成"卷展栏中设置"粒子运动"速度为 15,变化为 100,散度为 60。"粒子类型"卷展栏下"粒子类型"选择"对象碎片",厚度为 1.5,选择"碎片数目"最小值为 150。"旋转和碰撞"卷展栏中设置自旋时间为 15,变化为 50%。

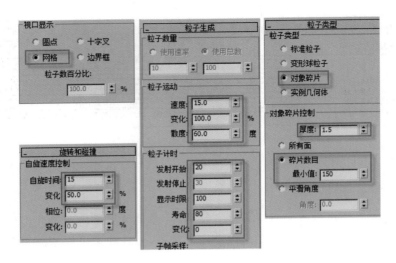

图 5-22 参数设置

⑥ 拖动"时间滑块",效果如图 5-23 所示,粒子产生了茶壶碎片,但"茶壶"对象依然存在。

图 5-23 茶壶爆炸

⑦ 选择"茶壶"对象,拖曳"时间滑块"到 21 帧,打开"自动关键点"。在"修改"面板中将"茶壶"对象半径值设为 0。拖曳时间滑块浏览,发现"茶壶"大小随时间变化而变化,"粒子阵列"效果也随之变化,如图 5-24 所示。

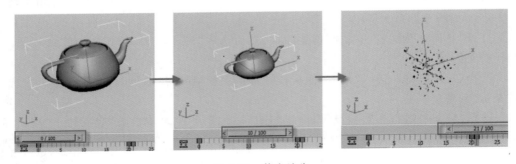

图 5-24 茶壶消失

⑧ 选择"茶壶"对象，单击时间轴"0 帧"左边按钮 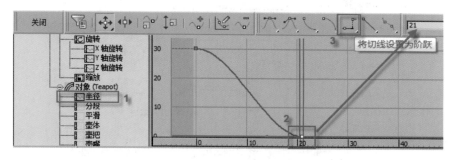，打开"迷你曲线编辑器"，在窗口左侧列表中选择对象（Teapot）"半径"，移动关键帧到 21 帧，单击"将切线设置为阶越"按钮 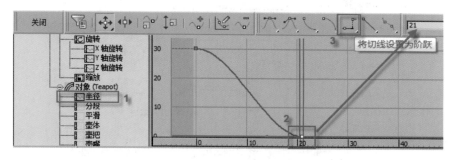，如图 5-25 所示。

图 5-25　迷你曲线编辑器

⑨ 关闭对话框，播放动画。

案例　对象分布

【案例分析】

通过本案例掌握"粒子阵列"的创建，熟练掌握粒子参数的设置，理解不同参数对例子的影响，效果如图 5-26 所示。

【制作步骤】

① 在"透视图"中创建一个"球体"，半径为 15。

② 选择"球体"，在"修改"面板中，单击"修改器列表"选择"晶格"，参数设置如图 5-27 所示。

图 5-26　碎裂的茶壶

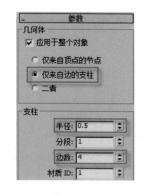

图　5-27

③ 打开"几何体"的"粒子系统"创建面板，然后选中"粒子阵列"按钮，并在"透视图"中创建"粒子阵列"。

④ 选择"粒子阵列"，进入"修改"面板，在"基本参数"卷展栏中单击"拾取对象"，在视图中选择"球体"对象。

⑤ 选择"粒子"，进行参数的设置，设置如图 5-28 所示。"基本参数"卷展栏下"视口显示"选择"网格"，"粒子分布"选择"在所有的顶点上"。"粒子生成"卷展栏中选择"使用总数"为

126,设置"粒子运动"速度为 0,"粒子大小"为 2.468。"粒子类型"卷展栏下"粒子类型"选择"标准粒子"为"球体"。

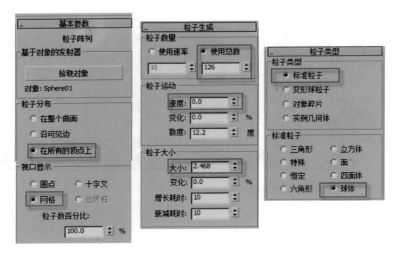

图 5-28　参数设置

第二节　空间扭曲

"空间扭曲"是一类特殊的力场,它通过特定的力场将与其绑定的对象进行扭曲变形,施加了这类力场作用后的场景,可用来模拟自然界的各种动力效果,使物体的运动规律与现实更加贴近,产生诸如重力、风力、爆发力、干扰力等作用效果。

"空间扭曲"对物体进行特殊效果动画制作的一种方式,可以将其想象为一个作用区域,它对区域内的对象产生影响,对象移动所产生的作用也发生变化,区域外的其他物体则不受影响。

3ds Max 2011 提供了六大类空间扭曲效果,包括力、导向器、几何/可变形、基于修改器、reactor、粒子和动力学。我们将着重介绍几个常用空间扭曲效果。

启动 3ds Max 2011,选择"创建"面板,单击"空间扭曲"按钮 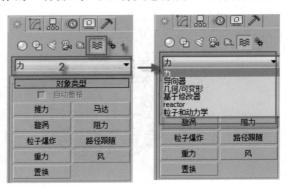,进入"空间扭曲"面板,单击下拉列表,可以选择不同空间扭曲效果,如图 5-29 所示。

图 5-29　粒子系统创建面板

一、重力

"重力"空间扭曲可以为对象进行自然重力的效果的模拟。重力具有方向性,例如沿重力箭头方向的粒子加速运动。逆着箭头方向运动的粒子呈减速状;在球形重力下,运动朝向图标。

位置："创建"面板 ＞"空间扭曲"＞"力"＞"对象类型"卷展栏 ＞"重力"。

案例 **喷泉**

【案例分析】

通过本案例掌握"喷射"粒子的创建，"重力"效果的使用以及空间绑定，最终效果如图 5-30 所示。

【制作步骤】

① 利用图形"星形"和"挤出"修改器制作喷泉外形，如图 5-31 所示。

图 5-30　喷泉

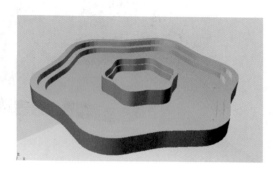

图 5-31　喷泉外形

② 利用图形"星形"，"挤出"和"噪波"修改器制作喷泉水面，如图 5-32 所示。

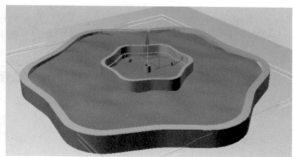

图 5-32　喷泉水面

③ 在喷泉中央位置,创建"喷射"粒子,参数设置如图 5-33 所示。

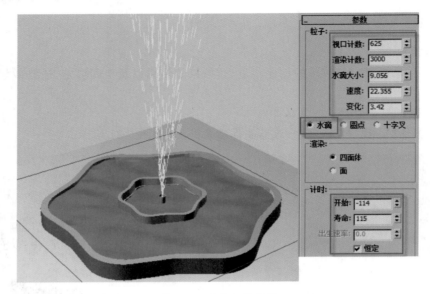

图 5-33　喷泉参数设置

④ 选择"创建"面板,单击"空间扭曲"按钮 ≋,进入"空间扭曲"面板,单击下拉列表,选择"力",打开"力"面板。

⑤ 在"力"面板中,选择"重力",在透视中拖动鼠标,创建一个"重力"对象,如图 5-34(a)所示。

⑥ 将"重力"与"喷射"粒子绑定。在工具栏上单击"绑定到空间扭曲"按钮 ≋,单击选择"喷射"粒子,并拖曳到"重力"对象上,松开鼠标,操作如图 5-34(b)所示。拖动"时间滑块"观察"喷射"粒子的变化。

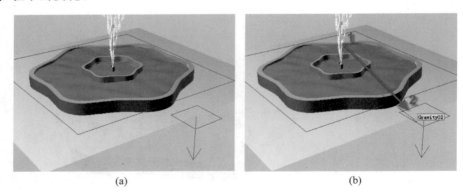

(a)　　　　　　　　　　　　　　(b)

图 5-34　重力应用

⑦ 选择"重力"对象,进入"修改"面板,在"参数"卷展栏中,设置"强度"参数,观察"喷射"粒子的变化,效果如图 5-35 所示。

⑧ 为"水面"和"喷射"粒子设置材质。材质设置如图 5-36 所示。在"反射高光"中设置"高光级别"为 65,"光泽度"为 54。在"贴图"卷展栏下,单击"反射"后的按钮,选择"噪波"。单击"折射"后的按钮,选择"光线跟踪"。关闭材质编辑器。

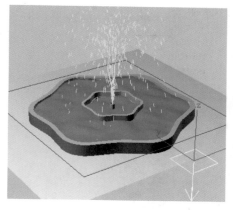

图 5-35　重力应用效果

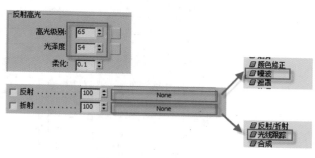

图 5-36　材质参数设置

⑨ 播放动画,渲染输出。

二、风

"风"空间扭曲可以模拟风吹粒子系统的效果。它具有方向属性,顺着风力箭头方向运动的粒子呈加速状,逆着箭头方向运动的粒子呈减速状。在球形风力情况下,运动朝向或背离图标。

位置:"创建"面板 ＞"空间扭曲"＞"力"＞"对象类型"卷展栏 ＞"风"。

案例 飘动的烟雾

【案例分析】

通过本案例掌握"喷射"粒子的创建,"重力"效果的使用以及空间绑定,最终效果如图 5-37 所示。

【制作步骤】

① 创建烟灰缸和香烟模型。

② 打开"几何体"的"粒子系统"创建面板,然后选中"超级喷射"按钮,在透视图中创建"超级喷射"粒子,位置如图 5-38 所示。

图 5-37　飘动的烟雾

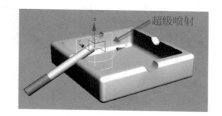

图 5-38　参数设置

③ 选择"超级喷射"粒子,进入"修改"面板,设置参数如图 5-39 所示。

④ 选择"创建"面板,单击"空间扭曲"按钮 ≋ ,进入"空间扭曲"面板,单击下拉列表,选择"力",打开"力"面板。

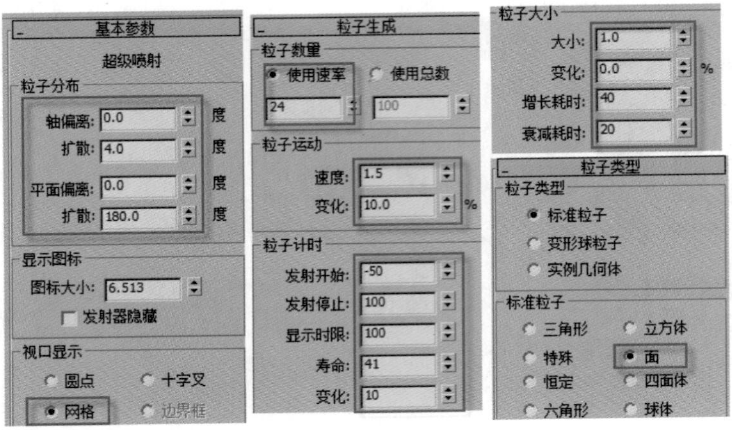

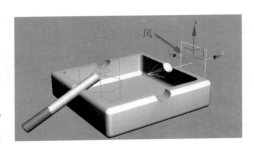

图 5-39　粒子参数设置

⑤ 在"力"面板中,选择"风",在透视中拖动鼠标,创建一个"风"对象,如图5-40左图所示。

⑥ 将"风"与"超级喷射"粒子绑定。在工具栏上单击"绑定到空间扭曲"按钮 ,单击选择"喷射"粒子,并拖曳到"重力"对象上,松开鼠标。

⑦ 选择"风"对象,进入"修改"面板,在"参数"卷展栏中,设置"强度"为0.01,"衰退"为0。"湍流"为0.1,"频率"为0.5,"比例"为0.2,参数设置如图5-41所示。

图 5-40　风对象

⑧ 为"烟"粒子设置材质。材质设置如图5-42所示。在"漫反射"设置为"白色"。"自发光"的"颜色"设置为"白色","不透明度"值为5。

图 5-41　参数设置

图 5-42　材质参数设置

⑨ 播放动画,渲染输出。

三、导向板

"导向板"空间扭曲起着平面防护板的作用,它能排斥由粒子系统生成的粒子。例如,使用导向器可以模拟被雨水敲击的公路。将"导向器"空间扭曲和"重力"空间扭曲结合在一起可以产生瀑布和喷泉效果。

位置："创建"面板 ＞"空间扭曲"＞"导向器"＞"对象类型"卷展栏 ＞"导向板"。

【案例】 **溅起的水花**

【案例分析】

通过本案例掌握熟练应用"喷射"粒子的使用,掌握"导向板"的使用以及空间绑定,最终效果如图 5-43 所示。

【制作步骤】

① 利用几何体中的"茶壶"和"平面",在透视图中创建一个茶壶和一个平面对象。

② 打开"几何体"的"粒子系统"创建面板,然后选中"喷射"按钮,在左视图中创建一个"喷射"粒子,位置和参数设置如图 5-44 所示。

③ 选择"创建"面板,单击"空间扭曲"按钮 ≋ ,进入"空间扭曲"面板,单击下拉列表,选择"力",打开"力"面板。

图 5-43　溅起的水花

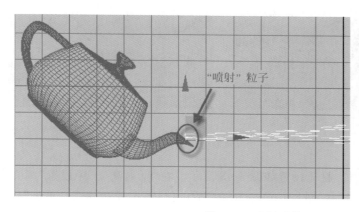

图 5-44　喷射对象

④ 在"力"面板中,选择"重力",在透视中拖动鼠标,创建一个"重力"对象,重力箭头向下,如图 5-45 所示。

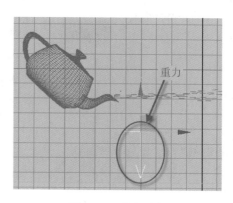

图 5-45　重力对象

⑤ 将"重力"与"喷射"粒子绑定。在工具栏上单击"绑定到空间扭曲"按钮 ≋ ,单击选择"喷射"粒子,并拖曳到"重力"对象上,松开鼠标,"喷射"粒子效果如图 5-46 所示。"喷射"粒子穿透了"平面",没有受到"平面"对象的阻挡。

⑥ 添加"导向板",阻止"喷射"粒子穿透平面。选择"创建"面板,单击"空间扭曲"按钮 ≋ ,进入"空间扭曲"面板,单击下拉列表,选择"导向器",打开"对象类型"面板。

⑦ 在"对象类型"面板中,选择"导向板",在透视中拖动鼠标,创建一个"导向板"对象,和"平面"对象对

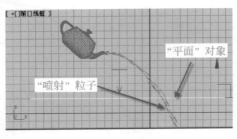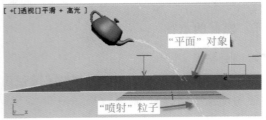

图 5-46   重力绑定

齐,如图 5-47(a)所示。

⑧ 将"导向板"与"喷射"粒子绑定。在工具栏上单击"绑定到空间扭曲"按钮 ，单击选择"喷射"粒子,并拖曳到"导向板"对象上,松开鼠标,"喷射"粒子效果如图 5-47(b)所示。"喷射"粒子没有穿透"平面",像受到了"平面"对象的阻挡。

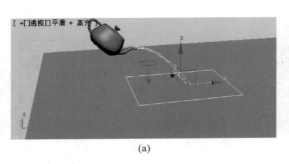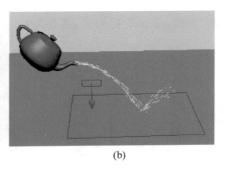

(a)   (b)

图 5-47   导向板

⑨ 为"喷射"粒子设置材质。材质设置如图 5-48 所示。在"反射高光"中设置"高光级别"为 65,"光泽度"为 54。在"贴图"卷展栏下,单击"反射"后的按钮,选择"噪波"。单击"折射"后的按钮,选择"光线跟踪",关闭材质编辑器。

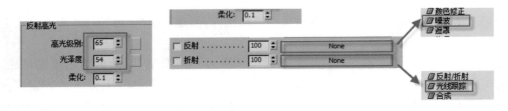

图 5-48   材质参数设置

四、导向球

"导向球"空间扭曲起着球形粒子导向器的作用。

位置:"创建"面板 ＞"空间扭曲"＞"导向器"＞"对象类型"卷展栏 ＞"导向球"。

案例   飘扬的旗帜

【案例分析】

通过本案例掌握"导向球"的创建,熟悉"柔体"编辑器的使用和"重力"效果的使用,最终效果如图 5-49 所示。

【制作步骤】

① 利用几何体中的"圆柱体"和"平面",在透视图中创建一个圆柱体作为旗杆,创建一个平面作为旗帜,"平面"参数"长度"为 8.0,"宽度"为 12.0,"长度分段"为 10,"宽度分段"为 10,位置如图 5-50 所示。

② 选择"创建"面板,单击"空间扭曲"按钮 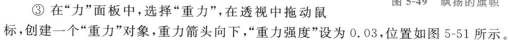 ,进入"空间扭曲"面板,单击下拉列表,选择"力",打开"力"面板。

③ 在"力"面板中,选择"重力",在透视中拖动鼠标,创建一个"重力"对象,重力箭头向下,"重力强度"设为 0.03,位置如图 5-51 所示。

图 5-49　飘扬的旗帜

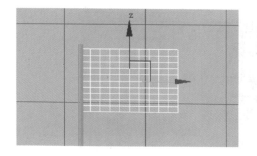
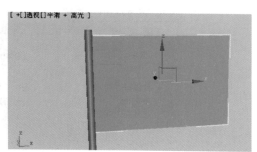

图 5-50　旗帜

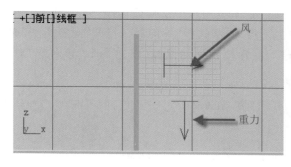
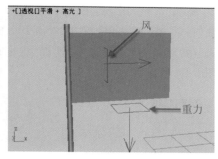

图 5-51　风和重力

④ 在"力"面板中,选择"风",在透视中拖曳鼠标,创建一个"风"对象,风箭头向右,"风力强度"设为 0.16,位置如图 5-51 所示。

⑤ 选择"平面",进入"修改"面板,在"修改器列表"中选择"编辑多边形",进入"点"子对象编辑状态,选择如图 5-52 所示"点"。

⑥ 进入"修改"面板,在"修改器列表"中选择"柔体"编辑器。

⑦ 在"修改"面板中,"柔体"参数设置如图 5-53 所示,"柔软度"为 0.4,取消"使用跟随弹力"和"使用权重"的选择,"拉伸"为 50,"刚度"为 2,在"力和导向器"中添加已经创建好的"风"和"重力"。

⑧ 单击"简单软体"卷展栏中的"创建简单软体"按钮,拖动"时间滑块"观察"平面"对象的变化,"平面"对象受到"风"和"重力"的影响,产生飘扬效果,但飘扬效果限于 XZ 平面。

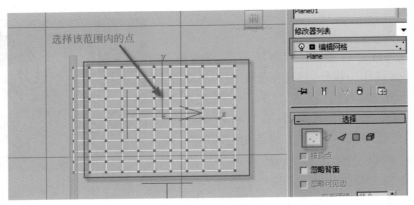

图 5-52　点编辑

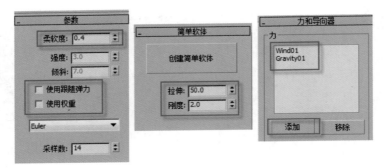

图 5-53　参数设置

⑨ 添加"导向球",利用"导向球"让"平面"沿 Y 方向产生摆动。选择"创建"面板,单击"空间扭曲"按钮 ≋ ,进入"空间扭曲"面板,单击下拉列表,选择"导向器",打开"对象类型"面板。

⑩ 在"对象类型"面板中,选择"导向球",在顶视中拖动鼠标,创建一个"导向球"对象,位置如图 5-54 所示。

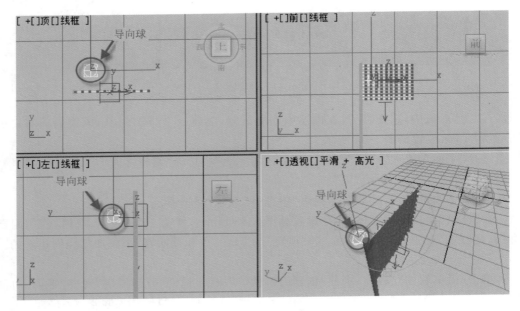

图 5-54　导向球

⑪ 选择"导向球",拖动"时间滑块"到 40 帧,打开"自动关键点",移动"导向球"。拖动"时间滑块"到 80 帧,打开"自动关键点"。移动"导向球",拖动"时间滑块"到 100 帧,打开"自动关键点",移动"导向球"。位置如图 5-55 所示。

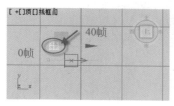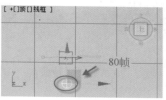

图 5-55 导向球动画

⑫ 选择"平面",在"修改"面板中,"力和导向器"中添加已经创建好的"导向球"。

⑬ 为"平面"设置材质。选择"平面",进入"材质编辑器",选择一个空白材质球,单击"漫反射"后的按钮,选择"位图",在位图中选择光盘 Map 文件夹中的"第五章\flag.jpg"。

⑭ 单击菜单"渲染",选择"环境",打开"环境和效果"设置对话框。在"公用参数"中,单击"环境贴图"下面的按钮,在打开的对话框中选择"位图",在"位图"选择窗口中找到本书案例文件夹中"第五章\sky1.jpg",单击"确定"按钮。

⑮ 播放动画,观察飘动效果。

五、涟漪

"涟漪"空间扭曲可以在整个世界空间中创建同心波纹,常用来制作水面效果。

位置:"创建"面板 >"空间扭曲">"几何/可变形">"对象类型"卷展栏 >"涟漪"。

案例 海天一色

【案例分析】

通过本案例掌握"涟漪"空间扭曲的创建和参数的修改,熟练应用空间绑定,最终效果如图 5-56 所示。

【制作步骤】

① 利用几何体中的"长方体"在透视图中创建一个长方体板状物体。

② 选择"创建"面板,单击"空间扭曲"按钮 ❄,进入"空间扭曲"面板,单击下拉列表,选择"几何/可变形",打开"对象类型"面板。

③ 在"对象类型"面板中,选择"涟漪",在透视中拖动鼠标,创建一个"涟漪"对象,如图 5-57(a)所示。

图 5-56 海天一色

④ 将"涟漪"与"长方体"绑定。在工具栏上单击"绑定到空间扭曲"按钮 ❄,单击选择"长方体"粒子,并拖曳到"涟漪"对象上,松开鼠标。观察透视图中长方体的变化,如图 5-57(b)所示。

⑤ 选择"涟漪"对象,进入"修改"面板,在"参数"卷展栏中,设置"涟漪"参数,"振幅1"、"振幅2"均为−0.5,"波长"为 7.0。"显示"参数中,"圈数"为 10,"分段"为 9,"尺寸"为 4,参数设置如图 5-58 所示。

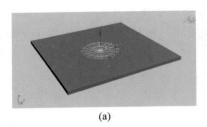
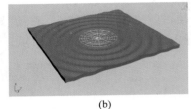

(a)   (b)

图 5-57   涟漪对象

图 5-58   参数设置

⑥ 为"长方体"设置材质。选择"长方体",进入"材质编辑器",选择一个空白材质球,参数设置如图 5-59 所示。"环境光"设置为 R:49 G:53 B:71。在"反射高光"中设置"高光级别"为 37,"光泽度"为 50,"柔化"为 0.3。在"贴图"卷展栏下,单击"凸凹"后的按钮,选择"噪波"。单击"反射"后的按钮,选择"位图",在位图中找到本书案例文件夹中"第五章\sky2.jpg",关闭材质编辑器。

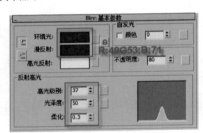

图 5-59   材质参数设置

⑦ 单击菜单"渲染",选择"环境",打开"环境和效果"设置对话框,在"公用参数"中,单击"环境贴图"下面的按钮,在打开对话框中选择"位图",在"位图"选择窗口中选择"sky.jpg",单击"确定"按钮。

⑧ 渲染输出。

本 章 小 结

通过 3ds Max 2011 中的空间扭曲工具和粒子系统可以实现影视特技中更为壮观的爆炸、烟雾,以及数以万计的物体运动等,使原本场景逼真、角色动作复杂的三维动画更加精彩。

通过本章的学习我们应该掌握以下几个方面。

• 粒子系统。

- 粒子系统贴图。
- 空间扭曲。

课 堂 实 训

1. 利用粒子系统制作吹泡泡效果，如图 5-60 所示。

任务：

（1）利用超级喷射系统完成泡泡粒子动画。

（2）可增加风和重力。

（3）设定泡泡的材质效果。

（4）灯光及摄像机的设置。

（5）渲染输出为图片格式的文件。

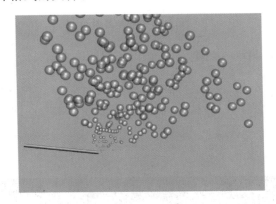

图 5-60　吹泡泡

2. 利用粒子系统和空间扭曲制作喷泉效果，如图 5-61 所示。

任务：

（1）利用图形和挤出完成喷泉模型。

（2）利用粒子系统和空间扭曲完成喷泉。

（3）设定喷泉材质。

（4）灯光及摄像机的设置。

（5）渲染输出为图片格式的文件。

图 5-61　喷泉

3. 利用粒子系统和空间扭曲制作爆炸效果,如图 5-62 所示。

任务:

(1) 利用基本几何体球体制作模型。

(2) 利用粒子系统制作爆炸效果。

(3) 利用大气装置制作火焰效果。

(4) 灯光及摄像机的设置。

(5) 渲染输出为图片格式的文件。

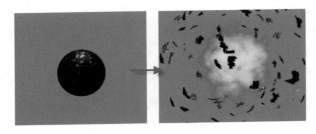

图 5-62　爆炸效果

4. 利用粒子系统和空间扭曲制作礼花效果,如图 5-63 所示。

任务:

(1) 利用粒子系统制作礼花效果。

(2) 利用 Video Post 和镜头特效制作烟火效果。

(3) 灯光及摄像机的设置。

(4) 渲染输出为图片格式的文件。

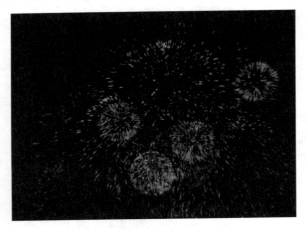

图 5-63　礼花效果

附录 3ds Max 2011 快捷键操作一览表

捕捉动作表		主 UI	
捕捉到 边界框 切换	Alt＋F10	法线对齐	Alt＋N
捕捉到 切点 切换	Alt＋F11	循环活动捕捉类型	Alt＋S
捕捉到 曲线边 切换	Alt＋F5	更新背景图像	Alt＋Shift＋Ctrl＋B
捕捉到 曲面中心 切换	Alt＋F6	放大 2X	Alt＋Shift＋Ctrl＋Z
捕捉到 栅格线 切换	Alt＋F7	循环捕捉打击	Alt＋Shift＋S
捕捉到 垂足 切换	Alt＋F9	缩小 2X	Alt＋Shift＋Z
Scene Explorer		最大化视口切换	Alt＋W
打开场景资源管理器：〔上次使用的〕	Alt＋Ctrl＋O	以透明方式显示切换	Alt＋X
		缩放模式	Alt＋Z
关闭上次激活的场景资源管理器	Alt＋Ctrl＋P	底视图	B
		摄像机视图	C
主 UI		显示浮动对话框	Ctrl＋`
显示统计切换	7	全选	Ctrl＋A
环境对话框切换	8	子对象选择切换	Ctrl＋B
设置关键点模式	'	全部不选	Ctrl＋D
向下变换 Gizmo 大小	－	缩放循环	Ctrl＋E
返回一个时间单位	,	循环选择方法	Ctrl＋F
前进一个时间单位	.	保持	Ctrl＋H
删除对象	.	反选	Ctrl＋I
播放动画	/	默认照明切换	Ctrl＋L
放大视口	〔, Ctrl＋＝	新建场景	Ctrl＋N
声音切换	\	打开文件	Ctrl＋O
缩小视口	〕, Ctrl＋－	平移视图	Ctrl＋P
重画所有视图	`	选择子对象	Ctrl＋PageDown
向上变换 Gizmo 大小	＝	选择类似对象	Ctrl＋Q
角度捕捉切换	A	环绕视图模式	Ctrl＋R
锁定用户界面切换	Alt＋0	保存文件	Ctrl＋S
显示主工具栏切换	Alt＋6	克隆	Ctrl＋V
对齐	Alt＋A	缩放区域模式	Ctrl＋W
视口背景	Alt＋B	专家模式切换	Ctrl＋X
背景锁定切换	Alt＋Ctrl＋B	重做场景操作	Ctrl＋Y
取回	Alt＋Ctrl＋F	撤销场景操作	Ctrl＋Z
最大化显示	Alt＋Ctrl＋Z	禁用视口	D
使用轴约束捕捉切换	Alt＋D, Alt＋F3	选择并旋转	E
捕捉到冻结对象切换	Alt＋F2	转到结束帧	End
		前视图	F

主 UI		主 UI	
渲染设置	F10	间隔工具	Shift＋I
Max Script 侦听器	F11	隐藏灯光切换	Shift＋L
变换输入对话框切换	F12	隐藏粒子系统切换	Shift＋P
明暗处理选定面切换	F2	渲染	Shift＋Q
线框/平滑＋高光切换	F3	隐藏图形切换	Shift＋S
查看带边面切换	F4	隐藏空间扭曲切换	Shift＋W
变换 Gizmo X 轴约束	F5	重做视口操作	Shift＋Y
变换 Gizmo Y 轴约束	F6	撤销视口操作	Shift＋Z
变换 Gizmo Z 轴约束	F7	选择锁定切换	Space
变换 Gizmo 平面约束循环	F8	顶视图	T
按上一次设置渲染	F9	正交用户视图	U
隐藏栅格切换	G	选择并移动	W
按名称选择	H	变换 Gizmo 切换	X
转到开始帧	Home	所有视图最大化显示选定对象	Z
平移视口	I		
子对象层级循环	Insert	轨迹视图	
显示选择外框切换	J	添加关键点	A
设置关键点	K	水平方向最大化显示	Alt＋Ctrl＋Z
左视图	L	水平最大化显示关键点	Alt＋X
材质编辑器切换	M	缩放	Alt＋Z
自动关键点模式切换	N	背景	B
虚拟视口缩小	NumPad －	指定控制器	C
虚拟视口切换	NumPad /	复制控制器	Ctrl＋C
虚拟视口放大	NumPad ＋	下滚	Ctrl＋Down Arrow
虚拟视口向下平移	NumPad 2	应用减缓曲线	Ctrl＋E
虚拟视口向左平移	NumPad 4	应用增强曲线	Ctrl＋M
虚拟视口向右平移	NumPad 6	平移	Ctrl＋P
虚拟视口向上平移	NumPad 8	上滚	Ctrl＋Up Arrow
自适应降级	O	粘贴控制器	Ctrl＋V
用户透视视图	P	缩放区域	Ctrl＋W
选择子对象	PageDown	高光下移	Down Arrow
选择祖先	PageUp	展开轨迹切换	Enter，T
捕捉开关	S	获取材质	G
聚光灯/平行光视图	Shift＋4	锁定切线切换	L
快速对齐	Shift＋A	背光	L
隐藏摄像机切换	Shift＋C	向左轻移关键点	Left Arrow
百分比捕捉切换	Shift＋Ctrl＋P	转到上一个同级项	Left Arrow
所有视图最大化显示	Shift＋Ctrl＋Z	移动关键点	M
显示安全框切换	Shift＋F	展开对象切换	O
隐藏几何体切换	Shift＋G	选项	O
隐藏辅助对象切换	Shift＋H		

轨迹视图		Video Post	
生成预览	P	添加新事件	Ctrl＋A
过滤器	Q	编辑当前事件	Ctrl＋E
向右轻移关键点	Right Arrow	添加图像过滤事件	Ctrl＋F
转到下一个同级项	Right Arrow	添加图像输入事件	Ctrl＋I
捕捉帧	S	添加图像层事件	Ctrl＋L
锁定当前选择	Space	新建序列	Ctrl＋N
使控制器唯一	U	添加图像输出事件	Ctrl＋O
高光上移	Up Arrow	执行序列	Ctrl＋R
转到父对象	Up Arrow	添加场景事件	Ctrl＋S
循环切换 3×2、5×3、6×4 示例窗	X	**Viewport Lighting and Shadows**	
		启用硬件明暗处理	Shift＋F3
Schematic View		**NURBS**	
移动子对象	Alt＋C	设置细分预设 1	Alt＋1
最大化显示	Alt＋Ctrl＋Z	设置细分预设 2	Alt＋2
释放所有项	Alt＋F	设置细分预设 3	Alt＋3
释放选定项	Alt＋S	显示明暗处理晶格	Alt＋L
使用缩放工具	Alt＋Z	CV 约束法向移动	Alt＋N
添加书签	B	切换到曲线层级	Alt＋Shift＋C
使用连接工具	C	切换到导入层级	Alt＋Shift＋I
选择所有节点	Ctrl＋A	切换到点层级	Alt＋Shift＋P
选择子对象	Ctrl＋C	切换到曲面层级	Alt＋Shift＋S
全部不选	Ctrl＋D	切换到顶层级	Alt＋Shift＋T
反转选定节点	Ctrl＋I	切换到曲面 CV 层级	Alt＋Shift＋V
使用平移工具	Ctrl＋P	切换到曲线 CV 层级	Alt＋Shift＋Z
切换收缩	Ctrl＋S	CV 约束 U 向移动	Alt＋U
刷新视图	Ctrl＋U	CV 约束 V 向移动	Alt＋V
使用缩放区域工具	Ctrl＋W	显示从属对象	Ctrl＋D
显示浮动框	D	选择 V 向的上一个	Ctrl＋Down Arrow
显示栅格	G	按名称选择自身的子对象	Ctrl＋H
上一书签	Left Arrow	显示晶格	Ctrl＋L
过滤器	P	选择 U 向的上一个	Ctrl＋Left Arrow
重命名对象	R	选择 U 向的下一个	Ctrl＋Right Arrow
下一书签	Right Arrow	软选择	Ctrl＋S
使用选择工具	S，Q	显示工具箱	Ctrl＋T
选定范围最大化显示	Z	选择 V 向的下一个	Ctrl＋Up Arrow
Active Shade		变换降级	Ctrl＋X
关闭	Q	按名称选择子对象	H
绘制区域	D	显示曲线	Shift＋Ctrl＋C
切换工具栏（已停靠）	Space	显示曲面	Shift＋Ctrl＋S
选择对象	S	显示修剪	Shift＋Ctrl＋T
渲染	R	锁定 2D 选择	Space

可编辑多边形		编辑法线	
顶点级别	1	断开法线	B
边级别	2	对象层级	Ctrl＋0
边界级别	3	法线级别	Ctrl＋1
面级别	4	顶点级别	Ctrl＋2
元素级别	5	边级别	Ctrl＋3
对象层级	6	面级别	Ctrl＋4
重复上次操作	;	复制法线	Ctrl＋C
切割	Alt＋C	粘贴法线	Ctrl＋V
隐藏	Alt＋H	设为显式	E
隐藏未选定对象	Alt＋I	重置法线	R
全部取消隐藏	Alt＋U	指定法线	S
收缩选择	Ctrl＋PageDown	统一法线	U
扩大选择	Ctrl＋PageUp	**FFD**	
倒角模式	Shift＋Ctrl＋B	切换到顶层级	Alt＋Shift＋T
切角模式	Shift＋Ctrl＋C	切换到晶格层级	Alt＋Shift＋L
连接	Shift＋Ctrl＋E	切换到控制点层级	Alt＋Shift＋C
快速切片模式	Shift＋Ctrl＋Q	切换到设置体积层级	Alt＋Shift＋S
目标焊接模式	Shift＋Ctrl＋W	**权重表**	
挤出模式	Shift＋E	全选	Ctrl＋A
约束到边	Shift＋X	全部不选	Ctrl＋D
编辑/可编辑网格		反选	Ctrl＋I
按顶点选择切换		**编辑样条线**	
边不可见	Ctrl＋I	编辑软选择	7
顶点层级	1	**编辑面片**	
边层级	2	编辑软选择	7
面层级	3	**编辑多边形**	
多边形层级	4	Select By Vertex	Alt＋V
元素层级	5	顶点级别	1
切割模式	Alt＋C	边级别	2
焊接目标模式	Alt＋W	边界级别	3
切角模式	Ctrl＋C	多边形级别	4
分离	Ctrl＋D	元素级别	5
挤出模式	Ctrl＋E	对象层级	6
边改向	Ctrl＋T	重复上次操作	;
倒角模式	Ctrl＋V, Ctrl＋B	自动平滑	A
焊接选定项	Ctrl＋W	切割	Alt＋C
多边形选择		切角设置	Alt＋Ctrl＋C
编辑软选择模式	7		

编辑多边形		编辑多边形	
沿样条线挤出模式	Alt＋E	重复三角算法	Shift＋Ctrl＋T
明暗处理面切换	Alt＋F	目标焊接模式	Shift＋Ctrl＋W
隐藏未选定对象	Alt＋I	插入顶点模式	Shift＋I
封口	Alt＋P	塌陷	Shift＋L
重置切片平面	Alt＋S	由边创建图形	Shift＋M
移除未使用的贴图顶点	Alt＋Shift＋Ctrl＋R	分割边	Shift＋P
全部取消隐藏	Alt＋U	移除	Shift＋R
创建	C	切片	Shift＋S
倒角设置	Ctrl＋B	编辑三角剖分模式	Shift＋T
分离	Ctrl＋D	约束到边	Shift＋X
挤出设置	Ctrl＋E	细化	T
影响背面	Ctrl＋F	对齐到视图	V
插入设置	Ctrl＋I	约束到面	X
从边旋转设置	Ctrl＋L	**HSDS**	
网格平滑设置	Ctrl＋M	编辑软选择	7
连接边设置	Ctrl＋N	**编辑网格**	
轮廓设置	Ctrl＋O	编辑软选择	7
收缩选择	Ctrl＋PageDown	**体积选择**	
扩大选择	Ctrl＋PageUp	编辑软选择	7
使用软选择	Ctrl＋S	**网格选择**	
细化设置	Ctrl＋T	编辑软选择	7
焊接设置	Ctrl＋W	**网格平滑**	
挤出模式	E	编辑软选择模式	7
翻转法线	F	**面片选择**	
对齐到栅格	G	编辑软选择	7
隐藏	H	**Physique**	
插入模式	I	复制封套	Ctrl＋C
从边旋转模式	L	删除	Ctrl＋D
网格平滑	M	上一个	PageUp
轮廓模式	O	上一选择级别	Shift＋
平面化	P	下一个	PageDown
切片平面模式	S	粘贴封套	Ctrl＋V
附加	Shift＋A	重置封套	Ctrl＋E
断开	Shift＋B	**投影修改器**	
附加列表	Shift＋Ctrl＋A	编辑软选择	7
倒角模式	Shift＋Ctrl＋B	**UVW 展开**	
切角模式	Shift＋Ctrl＋C	最大化显示	Alt＋Ctrl＋Z
连接	Shift＋Ctrl＋E	在视口中显示接缝	Alt＋E
在当前选择中忽略背面	Shift＋Ctrl＋I	过滤选定面	Alt＋F
快速切片模式	Shift＋Ctrl＋Q		
移除孤立顶点	Shift＋Ctrl＋R		

UVW 展开		毛发样式	
从堆栈获取面选择	Alt＋Shift＋Ctrl＋F	选择	Ctrl＋S
水平移动	Alt＋Shift＋Ctrl＋J	平移	Ctrl＋T
垂直移动	Alt＋Shift＋Ctrl＋K	撤销	Ctrl＋Z
加载 UVW	Alt＋Shift＋Ctrl＋L	拆分毛发组	Shift＋Ctrl＋－
垂直镜像	Alt＋Shift＋Ctrl＋M	合并毛发组	Shift＋Ctrl＋＝
水平镜像	Alt＋Shift＋Ctrl＋N	发梳平移	Shift＋Ctrl＋1
从面获取选择	Alt＋Shift＋Ctrl＋P	梳成站立	Shift＋Ctrl＋2
缩放	Alt＋Z	梳成蓬松	Shift＋Ctrl＋3
断开选定顶点	Ctrl＋B	梳成丛	Shift＋Ctrl＋4
编辑 UVW 的	Ctrl＋E	梳成旋转	Shift＋Ctrl＋5
冻结选定对象	Ctrl＋F	发梳比例	Shift＋Ctrl＋6
隐藏选定对象	Ctrl＋H	衰减	Shift＋Ctrl＋A
展开选项	Ctrl＋O	忽略背面	Shift＋Ctrl＋B
平移	Ctrl＋P	切换碰撞	Shift＋Ctrl＋C
捕捉	Ctrl＋S	扩展选定对象	Shift＋Ctrl＋E
纹理顶点目标焊接	Ctrl＋T	软衰减	Shift＋Ctrl＋F
更新贴图	Ctrl＋U	隐藏选定对象	Shift＋Ctrl＋H
选定的纹理顶点焊接	Ctrl＋W	切换毛发	Shift＋Ctrl＋I
缩放区域	Ctrl＋X	锁定	Shift＋Ctrl＋L
分离边顶点	D，Ctrl＋D	重梳	Shift＋Ctrl＋M
纹理顶点旋转模式	E	反转选择对象	Shift＋Ctrl＋N
平面贴图面/面片	Enter	选定弹出	Shift＋Ctrl＋P
纹理顶点收缩选择	NumPad －，－	旋转选择对象	Shift＋Ctrl＋R
纹理顶点扩展选择	NumPad ＋，＝	重置剩余	Shift＋Ctrl＋T
纹理顶点缩放模式	R	解除锁定	Shift＋Ctrl＋U
缩放到 Gizmo	Shift＋Space	显示隐藏对象	Shift＋Ctrl＋W
锁定选定顶点	Space	弹出大小为零	Shift＋Ctrl＋Z
纹理顶点移动模式	W	群组	
最大化显示选定对象	Z		
毛发样式		解算	S
		Biped	
梢	Ctrl＋1		
导向	Ctrl＋2	设置关键点	0
顶点	Ctrl＋3	TV 选择足迹的起点	Alt＋A
根	Ctrl＋4	复制/粘贴-向对面粘贴	Alt＋B
梳	Ctrl＋B	复制/粘贴-复制	Alt＋C
剪切	Ctrl＋C	缩放过渡	Alt＋Ctrl＋E
缩放	Ctrl＋E	固定图表	Alt＋Ctrl＋F
从	Ctrl＋M	TV 选择足迹的终点	Alt＋D
站立	Ctrl＋N	重置所有肢体关键点	Alt＋K
蓬松	Ctrl＋P	移动所有-塌陷	Alt＋M
旋转	Ctrl＋R	设置动画范围	Alt＋R

Biped		SME	
TV 选择整个足迹	Alt+S	启用全局渲染	Alt+Ctrl+U
轨迹栏-切换 Biped 的关键点	Alt+T	最大化显示	Alt+Ctrl+Z
		平移至选定项	Alt+P
复制/粘贴-粘贴	Alt+V	自动更新选定的预览	Alt+U
播放 Biped	V	缩放工具	Alt+Z
反应管理器		布局子对象	C
		全选	Ctrl+A
设置最大影响	Ctrl+I	选择子对象	Ctrl+C
设置最小影响	Alt+I	全部不选	Ctrl+D
粒子流		反选	Ctrl+I
		平移工具	Ctrl+P
粒子发射切换	；	选择树	Ctrl+T
粒子视图切换	6	缩放区域工具	Ctrl+W
粒子流		重命名	F2
		显示栅格	G
选定粒子发射切换	Shift+；	隐藏未使用的节点示例窗	H
粒子流		布局全部	L
		导航器	N
复制粒子视图中的选定项	Ctrl+C	材质/贴图浏览器	O
选择粒子视图中的全部内容	Ctrl+A	参数编辑器	P
		选择工具	S
在粒子视图中粘贴	Ctrl+V	更新选定的预览	U
ActiveShade（扫描线）		选定最大化显示	Z
初始化	P	穿行	
更新	U	减小步长	[
粒子流		增加步长	]
打开"粒子流预设管理器"对话框	Alt+Ctrl+M	左	A, Left Arrow
		重设置步长	Alt+[
清理粒子流	Alt+Ctrl+P	下	C, Shift+Down Arrow
同步粒子流层	Alt+Ctrl+L	右	D, Right Arrow
修复粒子流缓存系统	Alt+Ctrl+C	上	E, Shift+Up Arrow
重置粒子视图	Alt+Ctrl+R	加速切换	Q
View Cube		后退	S, Down Arrow
主栅格	Alt+Ctrl+H	度	Shift+Space
切换 ViewCube 可见性	Alt+Ctrl+V	锁定垂直旋转	Space
Steering Wheels		前进	W, Up Arrow
减少行走速度	Shift+Ctrl+，	减速切换	Z
漫游建筑轮子	Shift+Ctrl+J	宏脚本	
切换 SteeringWheels	Shift+W	渲染到纹理对话框切换	0
增加行走速度	Shift+Ctrl+.	子对象层级 1	1
SME		子对象层级 2	2
删除选定对象	.		
将材质指定给选定对象	A	子对象层级 3	3
移动子对象	Alt+C		

宏脚本		宏脚本	
子对象层级 4	4	全部取消隐藏(多边形)	Alt+U
子对象层级 5	5	添加/编辑参数……(TV)	Ctrl+1
参数编辑器	Alt+1	启动参数关联……	Ctrl+5
参数收集器	Alt+2	从视图创建摄像机	Ctrl+C
收集参数 SV	Alt+3	网格平滑(多边形)	Ctrl+M
收集参数 TV	Alt+4	增长选择(多边形)	Ctrl+PageUp
参数关联对话框……	Alt+5	智能选择	Q
剪切(多边形)	Alt+C	倒角(多边形)	Shift+Ctrl+B
塌陷(多边形)	Alt+Ctrl+C	切角(多边形)	Shift+Ctrl+C
沿样条线挤出(多边形)	Alt+E	连接(无对话框)(多边形)	Shift+Ctrl+E
几何选择可见性切换	Alt+G	忽略背面(多边形)	Shift+Ctrl+I
隐藏(多边形)	Alt+H	切片(多边形)	Shift+Ctrl+Q
隐藏未选定对象(多边形)	Alt+I	焊接(多边形)	Shift+Ctrl+W
选择子对象循环	Alt+L	挤出面(多边形)	Shift+E
封口(多边形)	Alt+P	资源追踪……	Shift+T
孤立当前选择	Alt+Q	边约束切换(多边形)	Shift+X
选择子对象环形	Alt+R	穿行视图模式	Up Arrow

参 考 文 献

[1] 赵卫.3ds Max 2010 基础教程[M].上海：同济大学出版社,2010.
[2] 本社.3ds Max 2010 中文版实战从入门到精通[M].北京：人民邮电出版社,2010.
[3] 陈彧,罗科勇.3ds Max 项目化实训教程[M].北京：北京理工大学出版社,2010.
[4] 杨鲁新.三维动画实训教程——3ds Max 2009[M].北京：中国水利水电出版社,2010.
[5] 陈伟.中文 3ds Max 9.0 案例应用教程[M].北京：高等教育出版社,2010.
[6] 丁峰.3ds Max 2010 实用教程[M].北京：电子工业出版社,2010.
[7] 丁勇.3ds Max 9.0 中文版循序渐进[M].北京：中国轻工业出版社,2011.
[8] 亓鑫辉.3ds Max 2011 火星课堂[M].北京：人民邮电出版社,2011.
[9] 阳菲.3ds Max 2010 完全学习手册[M].北京：科学出版社,2011.
[10] 成昊.新概念 3ds Max 2011 中文版教程[M].北京：科学出版社,2011.

参考网站

1. 游戏兵工厂 http://ziyuan.dogame.com.cn/
2. 3d Max 俱乐部 http://www.3dmax8.com/
3. 3D 侠 http://tu.3dxia.com/
4. 火星时代 http://www.hxsd.com.cn
5. 网易学院 http://design.yesky.com
6. 中国教程网 http://bbs.jcwcn.com
7. Max 中国 http://www.3dsmax.com.cn/
8. 21 互联远程教育网 http://dx.21hulian.com
9. 敏学网 http://www.minxue.net
10. 水晶石网 http://www.crystaledu.bj.cn
11. 3D 学习网 http://www.3dscg.com